おたる水族館 楽しい仲間たち

おたる水族館 編

JN190765

北海道新聞社

はじめに

2008年10月から北海道新聞夕刊にて隔週で掲載している「ゆかいな仲間たち」と「楽しい仲間たち」は、10年間で230回以上にもなりました。私たち水族館で働く人間でもまだまだわからないことが多い、不思議でたくましい野生の生き物のことを飼育係目線でお伝え続けてきましたが、今後もお伝えすることは無限にあると感じています。

ある冬の日、ジェンツーペンギンが新雪上を、両翼を広げバランスを取りながら短い足で歩く姿をご覧になったお客様から質問を受けました。「どうやってあんな可愛い姿で歩けるように教えるんですか?」と聞かれ、「いえ、何もしていませんよ」とお答えしましたが、「そんなはずはない……」と信じていただけませんでした。

水族館の生き物は人間に「芸」を教え込まれていると思われがちのようですが、そんなことはありません。彼らにも当然意思があり、やりたくないことはやりません。動物にはそれぞれ生き抜くために備わった能力や特性があり、だからこそ過酷な自然の中で命をつないでいけるのですが、それを楽しくわかりやすい形でお伝えしているのがおたる水族館の展示なのです。

ありのままを伝えたい。この連載もそんな社員の気持ちの積み重ねで、たくさんの読者に支えられ、今日まで掲載を続けてきました。創業60周年という節目の本年に、その中の76回分を抜粋して一冊の本にいたしました。たくさんの野生生物が暮らす自然ですが、この豊かな自然を次代へ引き継ぐために、今後も動物たちの不思議をたくさん発信していきたいと思っています。

代表取締役館長　伊勢伸哉

もくじ

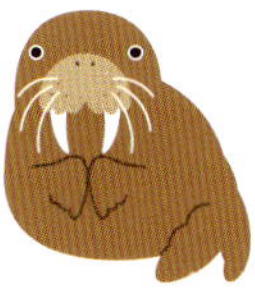

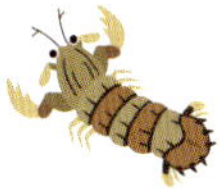

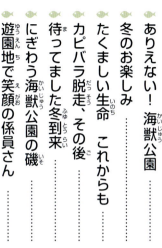

第1章

生き物の不思議 1

動物の見分け方

お客さまに「どうやって動物たちを見分けているのですか」と尋《たず》ねられることがあります。確かに、少し見ただけでは同じように見えますよね。

私も仕事に就いたころは同じように思えて違《ちが》いが分かりませんでしたが、毎日観察していくと、彼《かれ》らの違いに少しずつ気づくようになりました。

例えばバンドウイルカは、体の大きさや色、背びれの形といったところで見分けることができますが、これは面白いと思った発見があります。それは顔です。大きい、細長い、ずんぐり、口先が長い、あごのしゃくれ具合など、イルカも人間と同じでいろんなタイプがいるんです。

さらに、顔の中でも目は特に個性的です。体の大きさに比べて小さくつぶらな目をしていたり、大きくギョロッとしていたりと大きさ自体も違うのですが、ひき付けられるのは、目から伝わってくる喜怒哀楽《きどあいらく》のような表情の違いです。長い間付き合っていると、イルカたちの目を通していろんな感情が伝わってきます。それは動物たちの個性だと私は感じています。

初めは同じように見えていた顔が、小さな発見をくり返し、それを一つ一つなげていくことで独特の顔の形が見えてくることが、とても不思議に感じました。そして、まだ気づけていない彼らの個性を探し続けていきたいと思います。

（2014年11月11日　志村智行＝海獣飼育課）

並ぶと色の濃さの違いがわかるバンドウイルカ

写真撮影にやや戸惑うバンドウイルカの目

青《あお》ボッケ

生後4カ月の青ボッケ

いきなりですが、みなさん、ホッケを想像してみてください。

想像されたのは開きのホッケでしょうか、それとも焼かれて脂《あぶら》が滴《したた》り落ちて、それはもうおいしそうなホッケでしょうか…と書きつつおなかが空《す》いてきましたが、ここで想像してほしいのはホッケの体の色です。

はい、茶色ですね。

しかしホッケは生まれてすぐ茶色いわけではありません。飼育下では、生後3～6カ月は写真のようにそれはもうきれいな青色をしているのです。これは2007年におたる水族館が日本で初めてホッケの繁《はん》殖《しょく》に成功したときに分かりました。

体の色が青い理由は、餌《えさ》の動物プランクトンが豊富な海面近くを回遊《かいゆう》生活するために、敵から見つからないよう海と同じ色に

ホッケの成魚

なっているのではないかと考えられています。

ところで、先日漁師さんの船に乗せていただいたときに、幸運にも天然の青ボッケに出合いました。体長は15センチほど。自然界では成長が早いのか、水族館の水槽ではすっかり茶色に変わってしまう大きさにもかかわらず、まだ背側が濃い青色。飼育下とはまたひと味違《ちが》った神秘《しんぴ》的《てき》な美しさがあり、後でゆっくり写真を撮って正確な体長も測ろうと考えていましたが、港に戻ってふと青ボッケを入れていたバケツをのぞき込むと空っぽ。そばに満足そうな顔のカラスが1羽いて……。自分の青さもあらためて学ぶことになってしまいました。

（2011年7月5日　三宅教平＝魚類飼育課）

トラばあさん

「トラだ！　トラが帰ってきた」。海岸の向こうから誰《だれ》かが大きな声で叫んでいるのが聞こえてきました。

今から33年前の話です。当時、私はおたる水族館に新人の飼育員として入ったばかりでした。

かけつけると、前の年に脱走《だっそう》したゼニガタアザラシがまい戻ってきたと周囲が騒《さわ》いでいました。海岸に横たわったアザラシのおなかは、よく見ると、大きくふくらんでいました。これが私と「トラ」との出合いでした。

1カ月後、トラは元気なオスの子供を産みました。1977年、日本で初のアザラシショーのスター1号となった「トラノコ」です。アザラシの調教は不可能とされた当時、ほかの3頭とともに、たる転がしや輪

トラばあさん。
1日4、5キロの
餌をたいらげ、
最期まで元気な姿を
見せてくれた

日本初の
アザラシショー。
トラノコ（右）に
餌を与えている若き日の
筆者＝1977年

くぐりの芸をこなし、大絶賛されました。それはまたノウハウもないまま、自問自答をくり返しながら、独学で訓練に当たった私の飼育員としての青春にも重なります。

そのトラも今年で40歳《さい》。人間でいえば100歳を超えているでしょうか。白内障で視力を失いましたが、名前を呼ぶと前あしで水面をたたき、餌《えさ》をねだるしぐさをするなど耳はしっかりしています。9頭の子供を出産し、「トラかあさん」だったのが、いつしか「トラばあさん」となり、アザラシの世界長寿記録を伸ばし続けています。

（2009年2月24日　川尻孝朗＝営業課）

●●●

「トラ」は2016年5月4日、46歳でその生涯《しょうがい》を閉じました。また「トラノコ」は、1984年10月、ほかの施設《しせつ》へ移りました。

エゾクサウオ

頭でっかちで
愛らしい?
エゾクサウオ

初めてこの魚を見たとき、「カワイイ!!」と一目ぼれしました。でも、友人は「キモイ（気持ち悪い）」と言いました。えー、なぜ、なぜだ。

見た目は頭でっかちで「おたまじゃくし」。黒っぽくヌメっとした感じでブヨブヨした肉質。友人には見た目だけで判断されたのでしょうが、違《ちが》うんです！　目が小さくつぶらで、何か私に問いかけているように見え、水槽《すいそう》の中をのぞき込《こ》むと、目と目が合っちゃうんです。思わず出る言葉は、赤ちゃんに話しかけるように「どうちたのぉ～」。

また、腹ビレが変化した吸盤《きゅうばん》がおなかの下にあって、水槽内の壁面《へきめん》にくっついていることがあり、じぃ～っと餌《えさ》を待っているようにも見えます。「今すぐあげるからねぇ

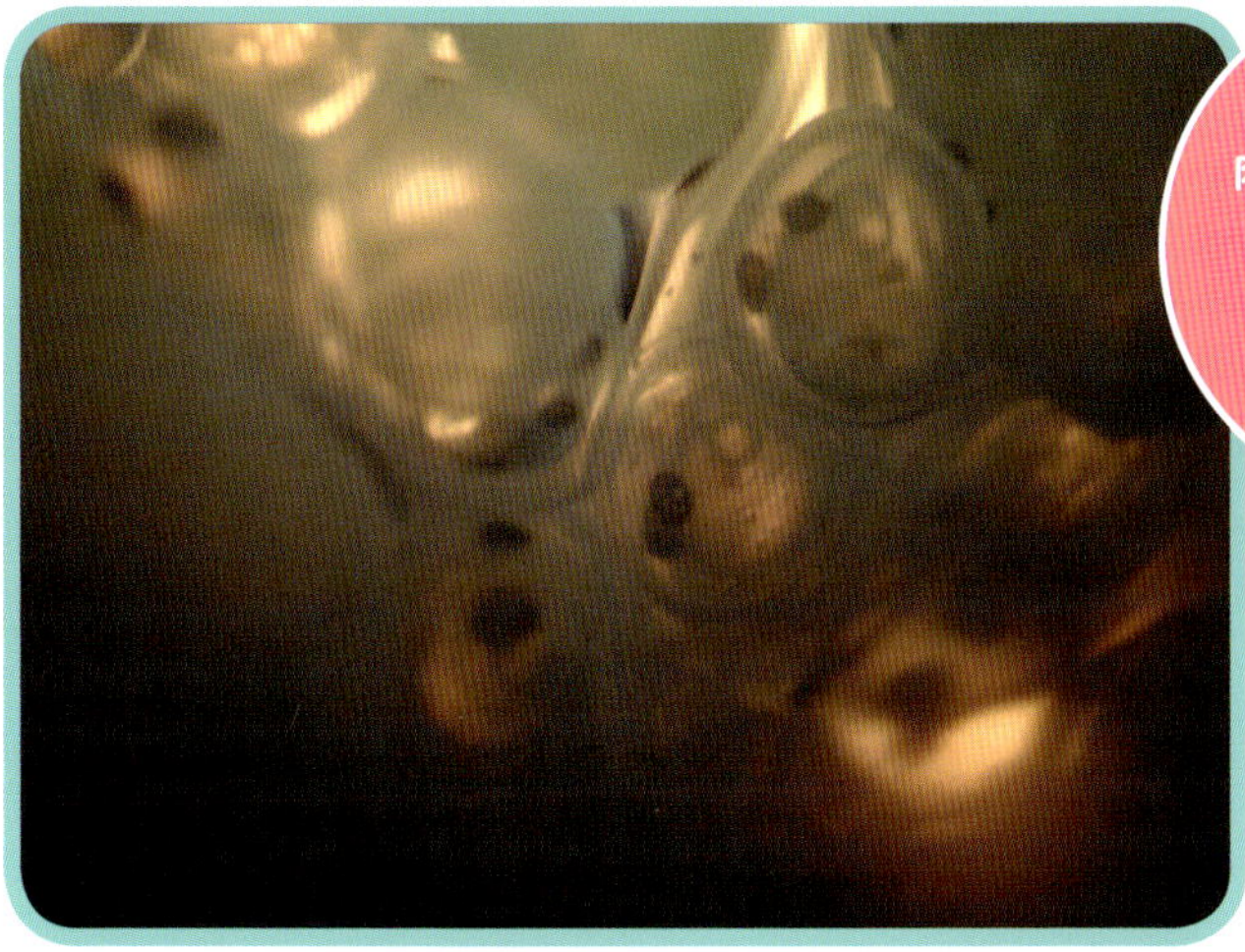

卵膜を通して
肉眼で目が見られる
ようになった
エゾクサウオの
発眼卵

~」。とにかく声をかけてしまう自分がいます。

当館では成体を長く飼育できていません。

それならばと、昨年、人工授精《じんこうじゅせい》を試みて卵からの飼育を行いましたが、簡単なことではありませんでした。

しかし、再びチャンスはめぐってきました。その後、おたる水族館にやってきた個体が産卵し、しばらくするとふ化し、胸ビレを一生懸命《いっしょうけんめい》動かして泳いでいるではありませんか。これがまた、絶妙に心をくすぐるんです。

この「キモカワイイ」をぜひ、味わいに来てください。あなたはカワイイ派、それともキモイ派？

（2011年3月1日　折笠光希子＝魚類飼育課）

エゾクサウオはそのときによって展示していない場合もあります。

ミニ解説

深海魚は、水面に引き上げると、水圧の変化で体の中の浮《う》き袋《ぶくろ》が膨張《ぼうちょう》したり、目が飛び出したりするため、飼育は大変難しい。

ペンギンたちのウラ話

仲良く
羽づくろいする
つがい

おたる水族館では65羽のフンボルトペンギンと、9羽のジェンツーペンギンを飼育しています。ペンギンは成鳥になると、つがいになり、そのきずなは強く、相手は一生変わらないといわれるほどなんですよ。毎日ペンギンたちを観察していると、夫婦はよく2羽で寄り添《そ》って羽づくろいをしたり、見ていてとてもほほ笑ましくなりますし、寝る時はべったりくっついている姿を見ると、ちょっとうらやましくなるほどです。

しかし、フンボルトペンギンの数多いカップルの中には、そんなほほ笑ましい姿ばかりではありません。実は、ペンギンにも浮気《うわき》があるようです。

あるときオスが自分のパートナーではない若いメスと一緒《いっしょ》に産室《さんしつ》とよばれる自分の

寄り添い
くっついて寝るつがい。
なぜか左右対称

家に入っていたのです。よく見ると、本当の夫婦のように仲むつまじくしているではないですか!?　おかしいなと思ったのですが、その後で決定的な瞬間《しゅんかん》を見てしまったのです。つがいのメスが産室に戻《もど》ってきました。その瞬間、オスが若いメスを怒り、産室から追い出して、何事もなかったかのように夫婦で産室に入り、仲むつまじく羽づくろいをしたり、寄り添ったり……。なんともいえない光景でした。

　しかし、そのほかのペンギンたちが産室に近づいたり入ったりすると、夫婦一緒にその相手を怒《おこ》り、追いやるんですよ。本当に仲の良い夫婦ですね!?（２０１２年11月６日　杉本美奈＝海獣飼育課）

ペンギンの数はその時々で変動しています。

海獣《かいじゅう》公園の巨漢《きょかん》「ウチオ」

ウーリャ（左）とツララ（右手前）とともに、仲むつまじい姿を見せるウチオ

わが水族館の海獣公園に「ウチオ」というオスのセイウチがいます。

1990年の春に北極海で生まれ、おたる水族館にやってきました。当時は体重98・5キロと、生まれて数カ月の赤ちゃんでしたのでミルクを飲ませて育てました。飼育員を母親のように慕《した》い、甘《あま》えて寄り添《そ》ってきました。

その後、どんどん体重が増え、今や体長3メートル、体重1・5トンと、今では水族館で最も重い動物です。今はメスの「ウーリャ」と「ツララ」の親子3頭で仲良く暮らしています。

セイウチの体は厚い皮膚《ひふ》と脂肪《しぼう》に包まれているため寒さにはとても強く、象《ぞう》のような2本の長いキバを持つことから「海象」とも表記されます。

大人になっても飼育員とのスキンシップが好きなウチオ

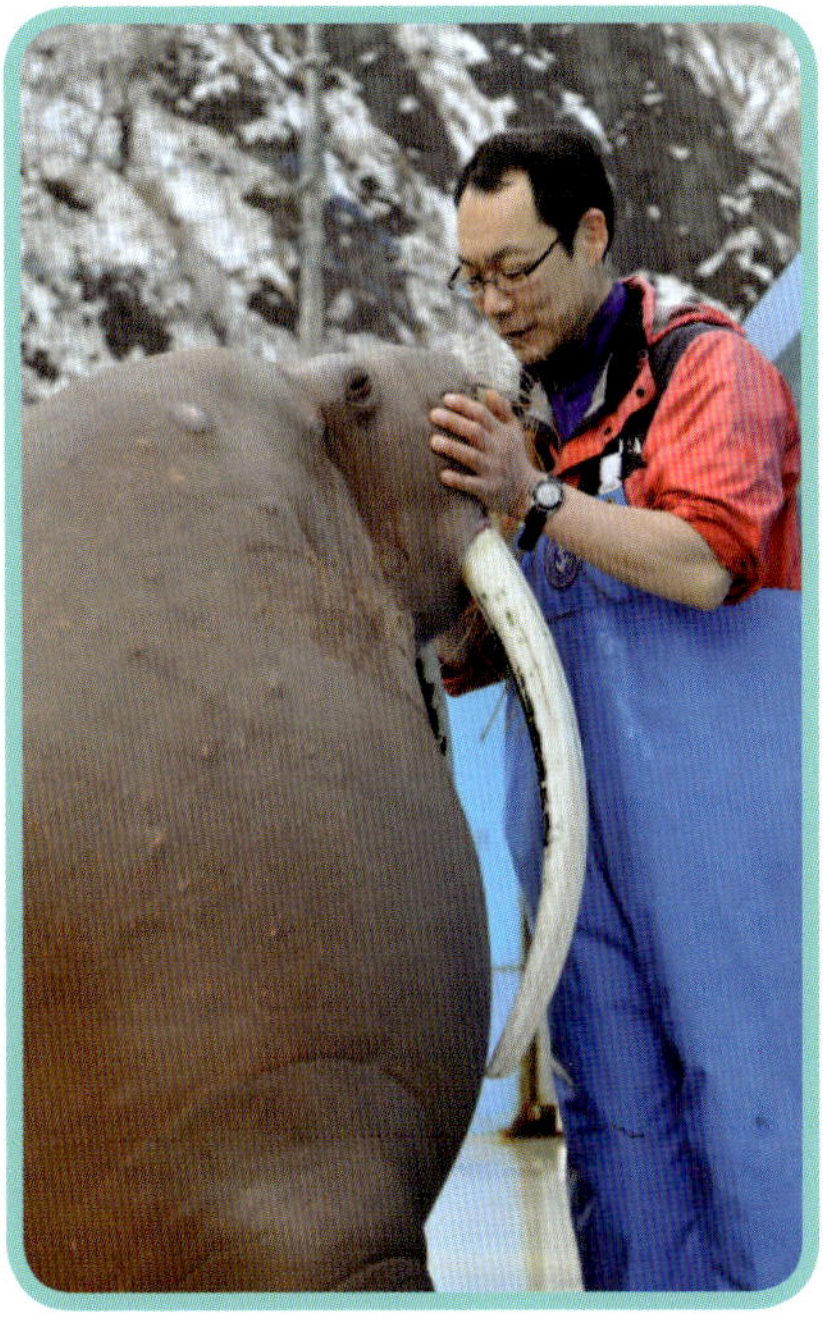

あまりの巨体《きょたい》に恐怖《きょうふ》を感じるかもしれませんが、とても人なつっこくて、いろいろなものに興味を持ち、遊ぶことが好きな動物です。特にウチオは飼育員や来館者に注目されるのが大好きで、海獣公園一の芸達《げいだつ》者《しゃ》です。

セイウチは比較的《ひかくてき》知能が高く、飼育員が出す「寝《ね》る」「チュッ」「バイバイ」などのサインに合わせて、ユーモラスな動きを見せてくれます。ウチオは10以上の言葉を理解しています。

そんな巨体と愛嬌《あいきょう》あるパフォーマンスをご覧いただくと、あなたもウチオのとりこになりますよ。

（2010年2月2日　梶征一＝海獣飼育課）

「ツララ」は2016年3月、鳥羽水族館（三重県）のオスのもとへ嫁入りしました。

ミニ解説

セイウチの授乳《じゅにゅう》期間は2年と長い。いつも母親がそばにいて愛情深い子育てをする。

絶《ぜつ》滅《めつ》危《き》惧《ぐ》種《しゅ》

日本の固有種
ニホンザリガニ
（標準和名ザリガニ）

みなさんは自分たちの住む、自然豊かな北海道に誇《ほこ》りを持っていますか。北海道に住んでいると、豊かな森や豊富な海の幸が当たり前になってしまい、本当に自然が豊かなのか、気にかけることも少ないのではないでしょうか。

実際にまだ自然が豊かな北海道ですが、自然環境の変化や森林伐採《しんりんばっさい》、開発などにより、生息場所や産卵場所を奪《うば》われた生物がたくさんおり、生息域《せいそくいき》や生息数が激減している種もいます。

彼らは、絶滅が心配されるため「絶滅危惧種」とよばれています。そんな絶滅危惧種を展示しているのが、本館1階の「守りたい北海道の自然」コーナーです。

このコーナーは派手な生物は展示していません。しかし、ニホンザリガニやイトウ

「幻の魚」といわれるイトウ

の稚魚《ちぎょ》など、自然界ではよく探さなければ見つけられないような、生息数が少なく、体も小さな生物たちを紹介しています。

はかなくも力強く生きる彼《かれ》らを見て、北海道の自然をもう一度見つめ直すきっかけになれば、と思います。子供たちに道産子の誇りを持ってもらえるように、豊かな自然を残したいですね。

（２００９年５月26日　高橋徹＝魚類飼育課）

「凍《こお》るど！プール」のアザラシ

冬が訪れると、北海道民はどんな気持ちになるでしょうか。旬《しゅん》のタラ鍋《なべ》を暖かい部屋で食べたいと思う人は多いでしょうが、私たち海獣《かいじゅう》飼育員の心境はちょっと違《ちが》います。「寒さと雪が押《お》し寄せてくるぞ！」と気構える一方、「アザラシの生き生きとした姿が見られる！」と胸がワクワクするのです。

冬のアザラシはよく食べ、よく動き、なぜそんなに元気なの、と不思議に思うほど寒さを気にしません。彼らは、厚さ8センチほどの皮下脂肪《ひかしぼう》を蓄《たくわ》えて1年で最もふっくらし、ぷりんとした張りのあるおなかに見入ってしまいます。

彼《かれ》らは時には、おなかで雪の感触《かんしょく》を確かめながら移動し、除雪に奮闘《ふんとう》する飼育員を横目に楽しんでいるようにも見えます。短

雪が浮かぶプールで元気な姿を見せるアザラシ

い体毛が後ろ向きに流れて雪に引っかかるため、上り坂でも後ろにすべり落ちることはなく、雪の上でも自由自在です。

彼らがいる海獣公園が閉鎖《へいさ》される冬は、以前は本館屋内にアザラシを移して展示していましたが、冬ならではの彼らの元気な姿を見てもらいたいという思いから、屋外に「凍るど！　プール」を特別につくりました。

屋外なので当然、とても寒いです。それをがまんする飼育員と、平然としているアザラシの落差に注目してみてください。そして、彼らの健康的な体形をその目で確かめてみてください。

自慢《じまん》のおなかをお客さんに披露《ひろう》しながら雪上でのんびりしているかもしれませんし、冷たいプール内を優雅《ゆうが》に泳いでいるかもしれません。生き生きとしたアザラシたちが新しいプールでどのように過ごすのか、私たちも楽しみです。

（2016年12月20日　加藤健司＝海獣飼育課）

ミニ解説

アザラシは冬に備えて、脂肪分の多い餌《えさ》を食べる。皮下脂肪を増やして太っておかないと、体調をくずしてしまう。

「魚の神」オオカミウオ

北海道の先住民アイヌ民族の人々は豊かな自然をカムイ（神）の恵《めぐ》みとして大切にしてきました。野生動物の呼び名などにもその精神が表れています。シマフクロウ＝コタンクルカムイ（村の守り神）などがよく知られています。

水族館にも神の名がついた魚がいます。有名なところだと、サケ＝カムイ・チェプ（神の魚）。同じような呼び名でチェプ・カムイ（魚の神）と呼ばれた魚がここで紹介《しょうかい》するオオカミウオです。英語名はＷｏｌｆ ｆｉｓｈ（ウルフフィッシュ）と和名そのままです。強大なキバ（犬歯《けんし》）がオオカミを連想させるところからつけられた名前なのでしょう。

水槽《すいそう》内では岩のかげに寄り集まってじっとしている姿を見かけることが多く、あま

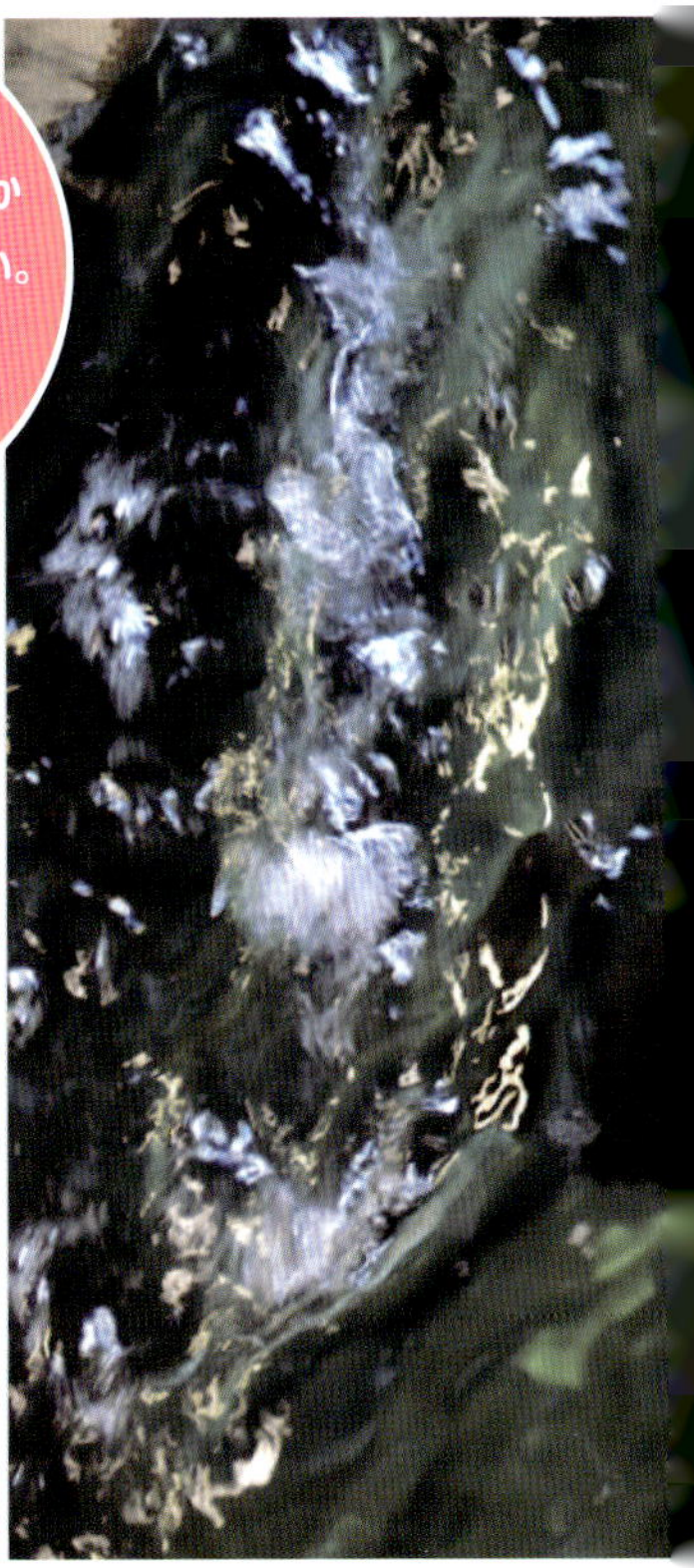

大型の個体にはなぜか犬歯がないものが多い。不要なのだろうか

り動かない魚と思われるかもしれません。でも、実はそうでもなく、意外と泳ぎ回ることも多い魚です。餌《えさ》の時間になると長い体をくねらせながら泳ぎ回り、時には水面上に顔を出してわれ先に餌をもらおうとします。上を向いて泳いでいたら、その上には餌を持った飼育員がいるかもしれません。

頭の大きさや体の長さに対して尾《お》ビレがとても小さいため、素早く泳いで逃げる魚を捕《つか》まえることは難しいと考えられます。そのため、海ではホタテなどの二枚貝やカニ、ウニなどを主に食べているといわれています。

シワが寄ったこわもてですが、かわいらしく餌をねだる姿は愛らしく思えます。海の恵みを与《あた》えてくれる神なのだということを忘れずに、日々お世話をしています。

（2018年2月27日　営業課＝古賀崇）

ハンモックに
寄り添って眠る
2匹のコツメカワウソ

コツメカワウソの日常

コツメカワウソはカワウソの中では最も体が小さい種で、丸くて小さな指先に小さなツメがついていることからつけられた名前です。当館には2匹《ひき》いて、カオルはドイツで生まれた7歳のメスで人なつっこい性格です。ダイはサンピアザ水族館（札幌）で生まれた4歳のオスでちょっと臆病《おくびょう》な性格です。そんなカオルとダイの日常生活をお伝えします。

飼育施設《しせつ》はメイン水槽《すいそう》とサブ水槽が空中トンネルと水中トンネルで連結され、二つの水槽を行き来できるアスレチック的な空間です。開館前の午前8時は朝の掃除《そうじ》の時間で、寝袋の中で寝ていた2匹は起き出して行動開始です。餌《えさ》の時間までは、二つの水槽を走ったり泳いだりの遊びの時間です。餌は1日2回で1回目は午前10時ごろ。2

コツメカワウソの飼育施設

匹は目を輝《かがや》かせてスタッフ出入り口のとびらの前で出迎《でむか》えてくれます。メニューは鳥むね肉、鳥ささみ、牛肉、ラム肉、ホッケです。ダイは餌をゆっくり食べますが、カオルは食べるのが早く、しかも太りやすい体質なので、肉類を少し控《ひか》えてサツマイモとニンジンも与《あた》えています。

食事が終わるとハンモックに2匹寄り添《そ》って寝てしまいます。正午すぎはおやつの時間で、キャットフードを数粒《すうつぶ》与え、終了後は少し遊んで午後2時ごろまでお昼寝《ひるね》です。午後3時ごろ、最後の餌の時間です。10分ほどで食べ終えてしまいますが、丸く小さい指先で器用に餌を受け取るのはほほ笑ましい姿です。

2匹は食べて、寝て、ちょっと遊んでと、時間帯によってさまざまな姿を見せてくれます。スタッフとしては、とっても仲が良い2匹なので2世誕生を期待しています。

（2014年2月25日　梶征一＝魚類飼育課）

「ダイ」は2018年5月23日、9歳でその生涯《しょうがい》を閉じました。

冬眠している
アカテガニの水槽。
一見、何もいない
ように見える

冬眠の季節がやってきた

今年も冬がやってきました。夏にはすぐに生き物を見つけることができたのに、今は白い景色が広がっていて、彼《かれ》らを見かけることがぐっと少なくなります。どこに行ってしまったのでしょうか？

見かけなくなった生き物の中には冬眠をしているものもいるのです。ヘビやカエルなどでご存じの、あの冬眠です。

実は、カニも冬眠します。カニは海中にいるイメージが強いのですが、森や川辺・海岸などを行き来して生活する陸型・海陸型もいて、このカニたちが冬眠をするんです。

彼らは気温が13度以下になると寒さで動きがにぶり、餌《えさ》を探すことや外敵から身を守ることができなくなります。そのため、巣穴を掘《ほ》り、陸上よりも暖かい土の中に避《ひ》

しかし、よく見ると
土の中にカニがいる

難《なん》し、気温が高くなる春に土から出て動き始めます。

一方、海で生活するカニは、冬眠しません。海は陸上より温度変化が小さいですが、海面近くの水温は下がるので、より安定した温度の深層《しんそう》へと移動することで、冬眠をすることなく活動をすることができます。ふだんから深海で生活しているオオズワイガニなどは、年中冬眠せずに生活している一種です。

よく見ると、砂の中には過酷《かこく》な環境《かんきょう》を生き抜《ぬ》くために冬眠という知恵《ちえ》を使い冬を越《こ》す、小さな賢者《けんじゃ》たちをかいま見ることができるのです。

（2016年1月5日　志村智行＝海獣飼育課）

アザラシの「まる先生」

魚をうれしそうに
見つめる
ゼニガタアザラシの
「まる」

飼育員は上司《じょうし》や先輩《せんぱい》からいろいろなことを教わります。でも、それだけではありません。意外に思うかもしれませんが、自分が担当している生き物から教えられることが多いのです。

　私に大切なことを教えてくれたのはゼニガタアザラシの「まる」。彼は自分の口に合うサイズの魚は丸飲みにし、自分に必要な分だけの魚を食べます。おなかいっぱいのときは「もういらないよ～、今日はここまで！」と。まったく無駄《むだ》がありません。

　それに比べて私たち人間は、ついつい必要以上に買いすぎて腐《くさ》らせて捨てたり、おいしい部分だけを選んで食べたりしてしまいますね。まるが魚1匹を丸飲みにして、無駄なく食べる姿をなにげなく見ていて「ハッ！」とさせられたのを今でも覚えて

いただきま〜す！
大きなホッケも
頭から丸飲みです

います。

私たちがふだん当たり前のようにしている行動が実はとてもぜいたくなことで、それは自然に大きな負荷《ふか》をかけているのではないか？と気づかされた瞬《しゅん》間《かん》でした。

まるだけでなくアザラシたちは必ず魚を頭から飲み込《こ》みます。これはヒレや鱗《うろこ》がのどに引っかからないようにするためだと考えられています。魚をわざと尾《お》の方からあげても器用にくわえ直すほどの徹底《てってい》ぶりです。そんな姿をじっと見ていると……。たい焼きを食べるときは頭から食べるのが正しい食べ方なのかな？と思えてなりません。

それはともかく、まるからしてみると、私に何かを教えているつもりはないと思います。それでも私にとって、まるをはじめ、水族館の生き物たちは先生のような存在でもあるのです。話はできずとも行動で示してくれているのです。

（2011年12月20日　神前和人＝海獣飼育課）

ペンギンの海まで遠足

マイペースで歩くペンギン

「ペンギンの海まで遠足」というイベントでは、ご想像どおり、ペンギンたちが「海」まで「遠足」します。毎日、遠足に行こうと出入り口に先着した10羽のフンボルトペンギンがペンギン舎を出て、ゆっくり歩きながら海とつながっているプールを目指します。

約60メートルの道のりには、今までペンギンたちが目にすることのなかった光景が広がっています。遠足参加チームを見送る「お留守番組」のペンギンを外から見たり、プールでくつろぐアザラシを眺《なが》めたり、目の前に広がる海の風を感じたり。

そして、プールに到着《とうちゃく》した後は海とつながる専用プールで思いっきり泳ぎを楽しめます。小魚や磯《いそ》の生き物たちがすむこのプールでは、ペンギンたちもいつもより生

アザラシを「見学」するペンギン

き生きと泳ぎます。野生のフンボルトペンギンは朝、魚をとりに海へ向かい、夕方巣に戻《もど》るという生活をしています。水族館で自然界に近い生活サイクルを再現することを目的に始まったこのイベントは、ペンギンたちの生活に楽しみが増えるだけでなく、よく歩くことで足の病気予防にもつながります。

遠足に参加するペンギンは全員水族館生まれで、自然の海を知りません。そんなペンギンたちが初めての遠足に向けて本格的な練習を始めたのは2カ月前です。最初はペンギン舎から一歩出るのもおっかなびっくりでしたが、毎日の練習の中で「海へ向かう」という野生の本能に目覚めたかのように、現在は、われ先にと遠足に参加しようと、出入り口には遠足に行く列ができるくらい、彼《かれ》らにとって楽しいものになりました。

（２０１５年６月９日　佐藤友美＝海獣飼育課）

ミニ解説

おたる水族館で飼育されているのはフンボルトペンギンとジェンツーペンギンの2種類。

第2章

飼育員さんのお仕事

ふんは大事な情報

飼育員として毎朝必ず行うふんのチェックは、動物たちの健康管理のために絶対必要なことです。多くの方にとって、あまり良いイメージがないかもしれませんが、飼育員にとって、ふんは動物たちの動きや表情、食欲などと同じくらい大切な情報です。

私は入社するまで大学で畜産《ちくさん》学部に在籍《ざいせき》し、牛やブタなどさまざまな家畜《かちく》のふんのにおいをかいでいたので、それらには慣れていました。牛は草のにおいがして、ブタは穀物《こくもつ》を発酵《はっこう》させたようなにおいがしますが、魚だけを食べているオタリアのふんのにおいを初めてかいだとき、ぬかみそを腐《くさ》らせたようなにおいと酢《す》のようなにおいが混ざって強烈《きょうれつ》で、思わず涙《なみだ》が出そうになりました。

飼育舎の掃除では、
ふんの状態を
チェックするのも
飼育員の重要な仕事だ

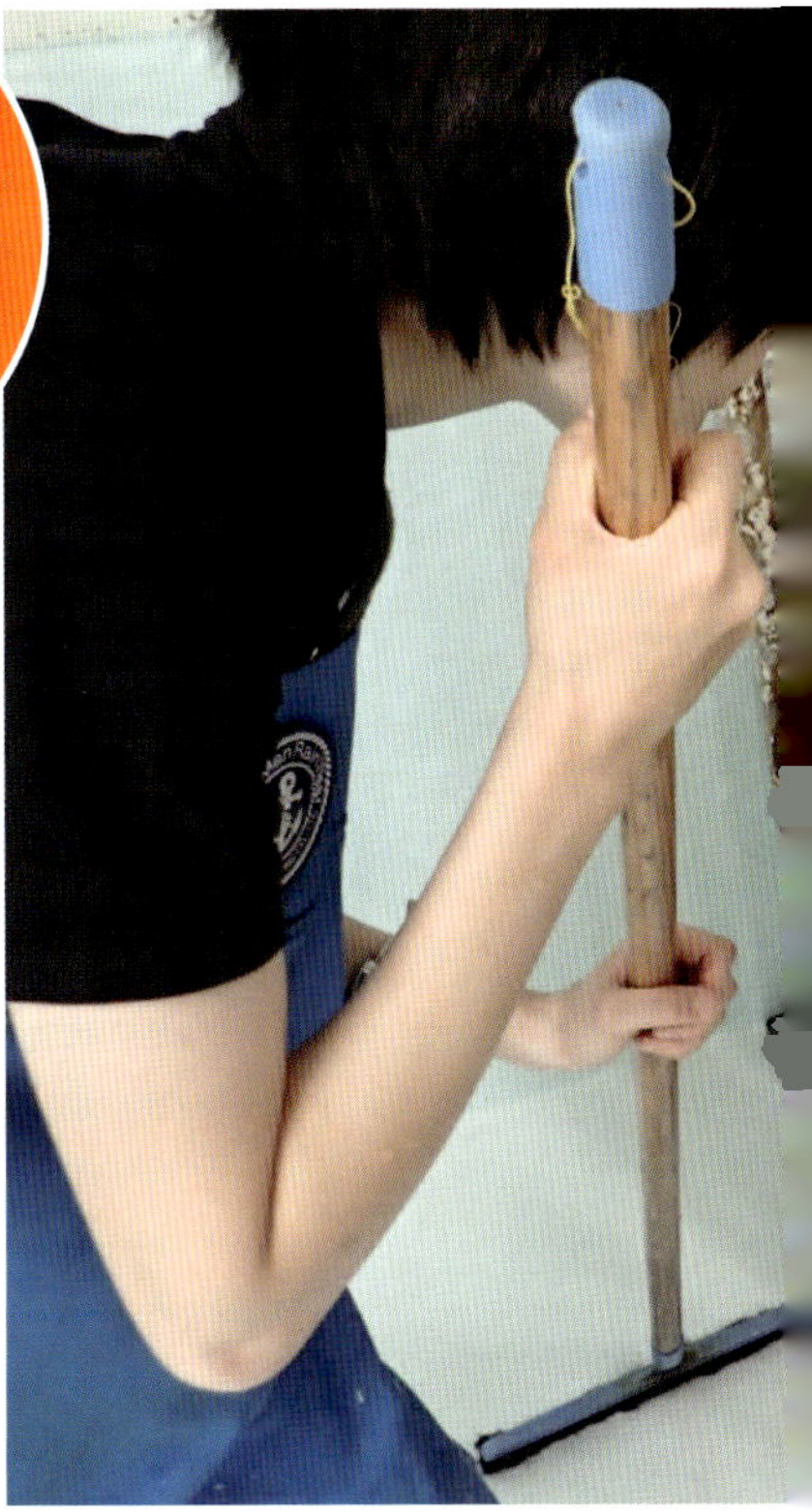

オタリアのふんは、６センチくらいの大きさで茶色のかためです。おたる水族館には５頭のオタリアがいます。コロコロのかたいふんをする個体、やわらかめのものをする個体、砂っぽいものをする個体など、それぞれ特徴《とくちょう》があります。

そのふんを毎日観察し、状態を把握《はあく》することで、それぞれどんな状態が正常なのかが少しずつ分かってきました。正常よりもゆるいときには、魚が腐ったようなにおいが混ざり、おしりにふんがついていることもあります。そういう場合は、注意して観察して整腸剤《せいちょうざい》を投与《とうよ》するなどします。

動物の飼育にたずさわる中で、ふん一つでも毎日違う発見があり、同時になぜだろうと思うことがたくさんあります。知れば知るほど次々と疑問がわいてくるのも、動物の魅力《みりょく》だと思います。

（２０１７年９月５日　鈴木茜＝海獣飼育課）

ミニ解説

動物が餌《えさ》を吐《は》き出す場合は、おなかがいっぱい、口に合わない、餌が大きすぎるなどの原因が考えられる。そうしたときは、他の飼育員と相談して量を減らしたり、種類を変えたりする。小さく切って対応することもある。

飼育員の裏作業

水槽の掃除の仕上げをする飼育員

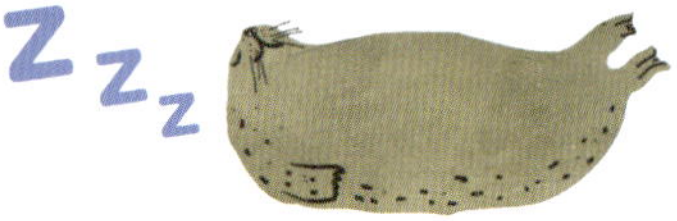

休館日の水族館、施設《しせつ》は休みでも飼育員たちは休めません。休館中でなければできない仕事があるからです。今回は休館中の魚類担当飼育員の仕事をいくつか紹介します。

まず初めは水槽《すいそう》の大掃除《おおそうじ》です。生物を移動させて水を抜き、ガラスや床《ゆか》、壁《かべ》などを隅々《すみずみ》までスポンジやブラシで徹底的に掃除します。大きな水槽なら3日以上かかります。小さな水槽でも1日では終わりません。

きれいにした後が最も重要で、生物の美しさや生命力を感じてもらえるように、さらに生物たちが元気に暮らせるように、水槽内の岩などの配置を納得《なっとく》いくまで何度も観覧《かんらん》通路から確認しながら直します。そうして完成した水槽を見ているとなんとも言い表せない達成感を覚え、ついつい前を通

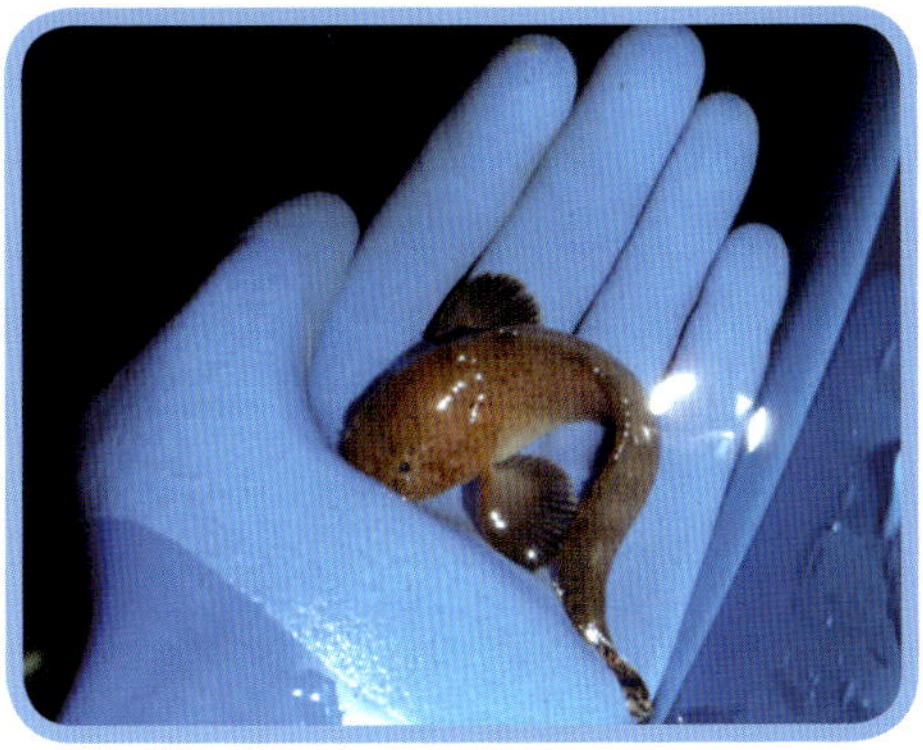

漁船に乗せてもらい
海で採集した
深海生物

るたびに見入ってしまいます。

次は生物の採集です。漁師さんの船に乗せてもらい、海でめずらしい生物を集めます。ゆれる船上で酔《よ》いながら採集をしていると、図鑑《ずかん》に載《の》っていないような生物を網《あみ》の中に見つけることがあります。そんなときは疲《つか》れや酔いを忘れてしまうほど気分が高まり、早くみなさんに見せたいという気持ちになります。このように集めた生物たちも新たに仲間入りしていますので、以前と様子が変わっている水槽も多くあります。

三つ目は、生物の入れかえです。水族館に入って正面にある水槽では冬期間ゴマフアザラシを展示していましたが、新たにウミガメにかえました。温かい水の中で暮らすウミガメを運ぶときは、北海道の寒さから守るために毛布で覆《おお》ってやります。重さが１２０キロ以上あり、入れかえは体力的にも大変な仕事です。ウミガメの仲間は、80歳にもなるといわれています。これからも彼《かれ》らの成長を一番近くで観察しながら、私自身も飼育員として成長していけるようにがんばります。

（２０１４年４月８日　新野雅大＝魚類飼育課）

ミニ解説

水族館にやってきて間もない魚や水槽を移された魚は、環境《かんきょう》の変化に慣れるまで、なかなか餌《えさ》を食べないこともある。

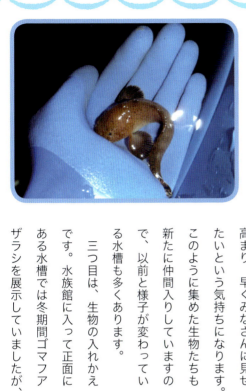

ド迫力《はくりょく》の食事シーン

当館の海獣《かいじゅう》公園の一番の見どころはトドのショーです。秋といえばサケ。野生のトドもサケが大好物です。その野生の姿を見ていただくため、一昨年から旬のサケを給餌《きゅうじ》するイベントを始めました。

私はトドのショーを行っていますが、自分の手でサケを給餌する前は「食いちぎるのか？　それともおなかだけ食べるのか？」などと想像をふくらませていました。

いざサケの入ったバケツを持っていくと、いつもと違《ちが》うギ

トドがサケを丸飲みにする瞬間

ラギラした目つきで、すきあらば取ってやるぞといわんばかりにバケツの中をのぞいているのです。

　サケを与える瞬間《しゅんかん》がやってきました。体の一番大きなモンキチに重さ5キロはある立派なサケを放物線《ほうぶつせん》を描《えが》くよう投げると、見事に頭からくわえ、ものの2～3秒で飲み物を飲むかのように丸飲みしてしまいました。私は、こんなことがありうるのかと衝撃《しょうげき》を受けました。

　トドのショープールは自然の海とつながっているので、さまざまな魚が入り込《こ》んできます。ウグイやボラが泳ぐこともありますが、トドは一切興味を示しません。しかし、サケが入って来たときは別です。

　過去に一度、サケが入ってきたことがありました。するとショーの最中にもかかわらず、トドがサケを追いかけて捕《つか》まえ、あっという間に飲み込み、見ていた人を驚《おどろ》かせました。

　いつも給餌しているホッケやイカナゴも同じく一口で飲み込みますが、比較《ひかく》にならないほど満足感が得られるサケは、彼《かれ》らの本能を大いに刺激《しげき》する食べ物なのです。ド迫力の食事シーンは必見《ひっけん》です。

（2016年9月27日　新野雅大＝海獣飼育課）

ミニ解説

トドショーのクライマックスでは、体重600キロを超えるトドがダイビング台によじ登り、豪快《ごうかい》なダイビングを披露《ひろう》してくれる。

イルカトレーナー

イルカと遊ぶことも、きずなを深めるために大切です

夢。それはあきらめなければ必ずかなうもの。私はそう信じています。

あなたの夢は何ですか。私の夢は「キラキラした人生を送ること」。大ざっぱな夢かもしれませんが、この夢をかなえることは、すごく大変なことだと思うのです。

人生は一度しかない中で、どうすれば1人でも多くの人に自分の存在を知ってもらえるか。何が自分に合っているのか。何が大切で何がそうでないのか。いや、自分の経験になるのであれば無駄《むだ》なことなどない――などと自問自答をくり返しています。

私が選んだ道は水族館のイルカトレーナーです。小さなころに見たイルカショーの記憶《きおく》が、物心ついたときに、あこがれと

今年４月に
水族館に入った
私にとって先輩にあたる
イルカ、ロッキー

なってよみがえったのです。

　人を感動させることのできる仕事「イルカトレーナー」になりたいと思った私は、がむしゃらに突《つ》き進みました。その結果、今、おたる水族館のイルカトレーナーとして日々ショーステージに立っています。小さいころに夢をもらったあのイルカトレーナーのように、来館してくれるお客さまに夢を与《あた》えることが私の仕事です。

　みなさんから見た私はキラキラ輝《かがや》いていますか。「いや、まだまだこれからだ。もっともっとキラキラ輝く人生を送らなくては」と今日もまた戦いが続きます。

　あなたの夢は何ですか。

（２０１０年６月22日　大野木孝二＝海獣飼育課）

さかなの病気

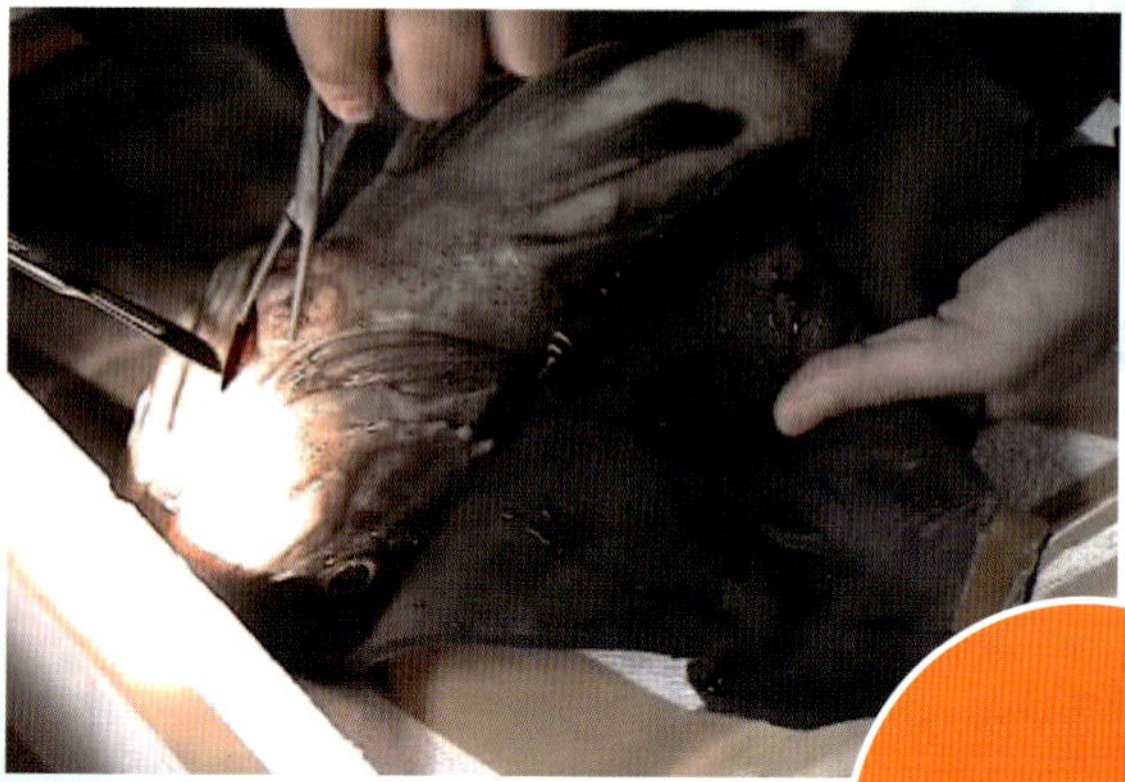

シマソイの手術。全身麻酔をして行う

水族館といえば、魚。きれいな色の魚や、大きな魚、ヘンな形の魚。この魚たちも人間と同様に病気になることがあります。病気の種類はさまざま。伝染《でんせん》病《びょう》もあれば、がんもあります。油断するとメタボにもなります。

　では魚の病気はどうやって治すのでしょうか。人間やほかの動物と同じく薬を投与《とうよ》しますが、飲み薬や注射はほとんど使いません。魚の薬は、水槽《すいそう》の水に溶《と》かして使います。溶けた薬が魚の体に吸収《きゅうしゅう》され、飲んだのと同じ効果が出ます。

　薬を使わない治療《ちりょう》もあります。たとえば、魚の皮膚《ひふ》の寄生虫《きせいちゅう》を食べてくれる魚を一緒《いっしょ》に飼育することがあります。また、淡水魚《たんすいぎょ》は飼育水の中に塩を入れたり、反対に海水魚は飼育水をうすめたりすると、人間の点《てん》

代表的な病気の一つの白点病。体表に粉をふったように見える

下は病原体の顕微鏡写真

滴《てき》と同じ効果で元気になります。

腫瘍《しゅよう》を取り除くための外科手術《げかしゅじゅつ》をすることもあります。麻酔《ますい》をかけておとなしくさせてから行います。手術の間は、麻酔薬を溶かした水をエラにかけ、魚を眠《ねむ》らせ続けます。

このようにいろいろな薬を使いますが、魚にとって一番の薬はなんでしょう？　それは、担当飼育員の愛情です。いつも観察してちょっとした変化に気づくこと、片時《かたとき》も魚のことを忘れずに工夫して飼育することが、病気を防ぐ最良の薬なのです。

（２０１０年９月７日　角川雅俊＝海獣飼育課獣医師）

聴診器を胸に当てられるゼニガタアザラシ。あおむけのままじっとしている「優等生」です

ミニ解説

犬の飼い主さんならご存じのフィラリア（犬糸状虫症）。心臓に虫が寄生する病気で、蚊《か》の媒介《ばいかい》により感染する。トドやアザラシにも感染するため、犬と同様、月１回予防薬を投与している。

がっつり潜《せん》水《すい》給《きゅう》餌《じ》

海のパノラマ回遊水槽で飼育員に餌をせがむマダラトビエイを興味深く見守る来館者

水族館の正面玄関を過ぎて売店やウミガメ水槽《すいそう》のわきを進んでいくと「海のパノラマ回遊《かいゆう》水槽」があります。この水槽にはサメやエイ、アオウミガメ、サバの群れが飼育されています。この回遊水槽で、飼育員が潜《もぐ》って餌《えさ》を与《あた》える食欲の秋「がっつり潜水給餌」を行いました。

このイベントは担当者が水槽を掃除《そうじ》するために潜水した際、たまたま餌やりを試みたのがきっかけでした。何度かチャレンジするうちに生き物たちも慣れ始め、巨大《きょだい》なホシエイ（愛称《あいしょう》ルンバちゃん。プール底に落ちた餌を吸い込《こ》んでいくため）や、マダラトビエイが手から食べるようになり「ぜひ、解説つきでやってみよう」と始まったのです。

飼育員が水槽に入ると、まずはマダラト

潜水した飼育員の手から餌を食べるトラフザメ

ビエイが「早く、早く」と言わんばかりに集まってきます。飼育員がかくれてしまう勢いで、「食べられてないか？」と心配になるほどでした。

しかし、笑ってばかりはいられません。実はマダラトビエイは貝類が大好物。そのためかみ砕《くだ》く力がすごいのです。なんとその圧力は300キロ近いといわれています。遊びならいいのですが、本気でかじられたらたまりません。

スペシャルメニューとして小樽産のホタテガイを与えることもありましたが、かじって貝が割れるとお客さまから大拍手《だいはくしゅ》。ふだんは与えていないので飼育員も「おぉ〜っ」と盛り上がりました。ほかの生き物たちもそれぞれの食事風景を見せてくれました。

生き物たちが食事をするのは死活問題《しかつもんだい》。ですから、時に激しく、時に穏《おだ》やかな食事風景をお客さまに見て、感じて、知っていただくことで、生き物たちのすごさを感じてもらえればと思いました。

（2014年10月28日　折笠光希子＝魚類飼育課）

「がっつり潜水給餌」は現在行っておりませんが、給餌解説は随時《ずいじ》行っています。

マリンガール再び…

初めて熱帯魚の水槽に潜り、コケなどのお掃除

昔々……。といっても30年ほど前まで、おたる水族館の大水槽《すいそう》では、マリンガールによる魚たちの餌《え》付《づ》けショーを行っていたそうです。今、その姿を見ることはできませんが、今年からマリンガール（わたし！）が潜水《せんすい》して水槽の掃除《そうじ》をしている姿をご覧いただくことができます。

主に熱帯魚が泳ぐ水槽で、みなさまとお会いします。水温が高くて照明が明るい水槽は、「コケ」が付きやすいので週に1回、1時間ほどかけて丹念《たんねん》にお掃除しています。

潜水掃除をするには「潜水士」という資格が必要なんです。ほとんどの男性スタッフは持っていますが、長い水族館の歴史の中でも女性ではなんと、私で2人目なんです。初潜水の日、ウエットスーツを着て、いざ！　水中へ……。と思ったけれども、

さまざまな魚たちが、目の前に現れ、人魚の気分に……

呼吸はうまくできないし、重りをつけてもなかなか沈《しず》みません。慣れるまで1時間ほどかかって、ようやく掃除ができるようになりました。

余裕《よゆう》が出てきて、ハッ！と気づいて周りを見ると、水槽の外から見るのとは別世界でした。夢中になって掃除をしている私の前に、タツノオトシゴやヘコアユが興味を持ったかのように現れ、思わず手を伸《の》ばして触《ふ》れてみたくなりました。お客さまとジェスチャーでコミュニケーションもとれて、楽しい時間を過ごせました。

これからさらに潜水に慣れていけば、近い将来、サメやエイの水槽で掃除をしているかもしれません。もし私がお客さまのそばに来たときには、ガラスをコンコンとたたいて合図してみてください。

一緒《いっしょ》に写真を撮《と》りましょう！

（2010年7月6日　斉藤真美＝魚類飼育課）

●●●

現在マリンガールによる潜水掃除は行っていません。

ミニ解説

おたる水族館で飼育している熱帯海水魚のほとんどは、専門の業者さんを通じて宅配で送られてくる。しかし、箱詰めされてくるだけでは冬場の小樽に到着《とうちゃく》するころには、凍死《とうし》してしまう。そこで保温材として活躍《かつやく》するのが使い捨てカイロ。箱の中にはたくさんのカイロが貼《は》られていて、水温の低下を抑《おさ》えている。

飼育員も楽しみ！夜の水族館

眠るセイウチの親子3頭。（左から）父ウチオ、母ウーリャ、娘しずく

夏の夜間営業は、夕暮れのトドショーや、ライティング（照明の使い方）を変えたナイトバージョンのイルカショーなど、イベントが盛りだくさんです。

水族館の夜は動物が寝《ね》ていて静か……ではなく、さまざまな音がよく聞こえてきます。屋外の海獣《かいじゅう》公園ではトドが水をかいて泳ぐ音や、ペンギンがボソッと鳴く小声、アザラシの寝息《ねいき》、寝ているセイウチがもぞもぞする音。音がよくひびく夜は彼《かれ》らの生活をより感じることができます。

夜だからこそ気づくこともあります。アザラシは夜の海でも魚を捕《つか》まえることができるといわれています。「本当かな」と思い、夜に魚を投げてみました。

アザラシは口もとに投げた魚をナイスキャッチ、離《はな》れた水中に投げても、一直線

に泳ぎました。音を感知している面もあるでしょうが、目をよく見るとキラッと光っています。「わずかな光でも見えているんだ」と驚《おどろ》くとともに、すぐ隣《となり》では寝ながらブクブク音を出すアザラシがいて、心が和《なご》んだのを覚えています。

和やかな光景はセイウチ館でも見られます。今年４月に１歳《さい》になったメスのしずくは父ウチオ、母ウーリャと寄り添《そ》い、親子が川の字で寝ています。

飼育員が帰る夕方には３頭で泳いでいたのに、どのように並ぶのだろうか。実は、この疑問は未解決です。「その瞬間《しゅんかん》を、まもなく始まる夜の水族館で観察するぞ」と私はひそかに思っています。

（２０１７年７月11日　加藤健司＝海獣飼育課）

イルカの水中ショー

胸びれを
上手に動かして
「バイバイ」の
練習をするロビン

私たちは、今年からイルカショーの新たな取り組みを始めました。それは「水中ショー」に向けたトレーニングです。

私が本州の水族館で働いていたときに、水中ショーを行って感じたことを、ぜひとも北海道のみなさまにもご覧いただいてお伝えしたく、担当スタッフ一丸となって取り組んでいくことになりました。

私は何頭かのイルカと関わってきて、イルカ1頭ごとにそれぞれの個性があり、その面白さを知ることができました。ただ、彼《かれ》らとは人と同じように「言葉」を交わすことはできません。さまざまな形でコミュニケーションを取る方法を模索《もさく》しています。

その一つが、水中ショーです。トレーナーが水中というイルカたちのすむ世界に入り、

水面から頭を出して静止する基本姿勢をトレーニングするメリー

まさに「距離《きょり》」を縮めることで、また新たな一面を発見できるのです。

　まだまだ取り組み始めたばかりですが、みなさまに来年の夏休みには少しでも、再来年の夏休みにはさらに充実《じゅうじつ》させてお披露《ひろ》目《め》できるように、まずメスのメリー、ロビンと共にがんばっています。

　毎日、ショーの合間にトレーニングの様子をご覧いただけます。トレーナーがウエットスーツを着ていたら、水中トレーニングをするサインです。

　目標とする種目は、トレーナーがイルカの背に乗りさっそうと水面を移動する「サーフィン」、イルカの口先でトレーナーの足裏を押《お》して進む「スライダー」、そのまま空中へ飛び出す「ロケットジャンプ」です。

　夏の暑さを吹《ふ》き飛ばす「爽《さわ》やか・涼《すず》しげ」なショーを目指しトレーニングに励《はげ》んでいます。完成したときにはイルカたちが、よりいっそう輝《かがや》いて見えることまちがいなし。

（2014年7月1日　勝見智＝海獣飼育課）

●●●

イルカの水中ショーは2016年から夏季を中心に行っています。

ミニ解説

イルカスタジアム地下にある水中観覧《かんらん》スペースには高さ1.5メートル、幅《はば》12メートルもの巨大《きょだい》なアクリルガラスがある。イルカたちのぴったりと息の合った水中の泳ぎが間近で見られる。

ペリトーーク

ペリカンの餌やり。「ペリトーーク」は１日２回行われる

夏本番の水族館の見どころをご紹介したいと思います。

夏の暑い日に水族館に行くと、きれいな水槽《すいそう》にキラキラと光る水面や、優雅《ゆうが》に水の中を泳ぐ魚を見ているだけで涼《すず》しげな気持ちになり癒《いや》されます。豪快《ごうかい》な水しぶきを上げるイルカショーやトドのダイビングも見どころです。

数あるイベントの中でも、私がおすすめしたい夏のイチオシは、ペリカンのお話タイム「ペリトーーク」です。モモイロペリカンたちが芝生《しばふ》の上に作られたサークルの中にやってきて、ペリカンを近くでゆっくりご覧いただくことができます。

モモイロペリカンはアフリカや南ヨーロッパ、南アジアにかけて広く生息している種類で、ペリカンの中でも体が大きくな

終了後の記念撮影。飼育スタッフが撮影する

るのが特徴《とくちょう》です。

ペリトークでは、飼育スタッフによるペリカンのお話や、ペリカンの卵の大きさ当てクイズなど、ペリカンに由来したいくつかのクイズに挑戦《ちょうせん》していただき、ペリカンについて楽しく分かりやすく学んでもらいます。

そして、ペリトーク一番のポイントはお客さまも参加できることです。限定3名ですが、飼育スタッフと一《いっ》緒《しょ》にサークルの中へ入ってペリカンの餌《えさ》やりを間近で体験できます。ペリトーク終了《しゅうりょう》後には、ご希望のお客さまを対象にペリカンたちと一緒に記《き》念撮影《ねんさつえい》を行っています。きっと思い出に残る1枚になると思います。

（2010年8月3日　川本守＝海獣飼育課）

●●●

「ペリトーク」は現在内容を変更し、「ペリカンのちょっとそこまで」として5月中旬から10月中旬まで行っています。

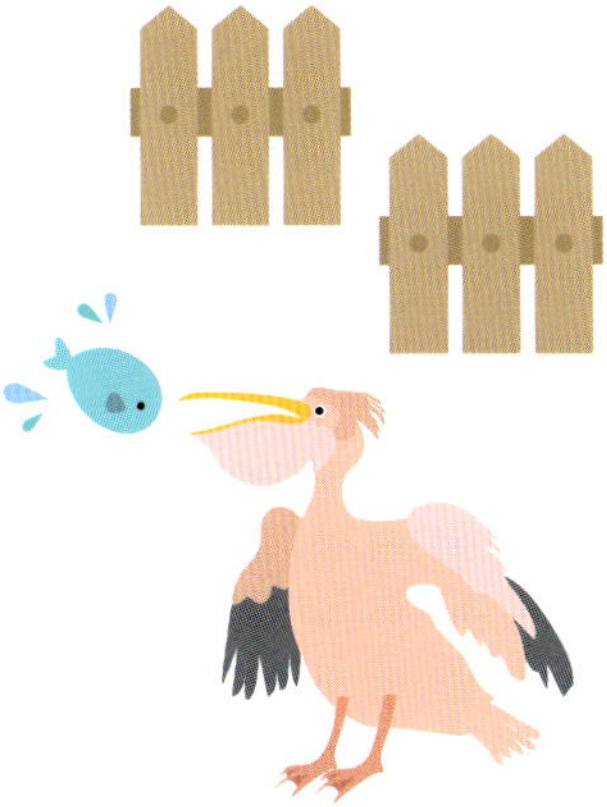

水族館の実習生

慣れない包丁で
餌の魚を切る実習生

毎年夏、何人もの専門学校生や大学生が水族館に実習に来ます。期間は2週間から1カ月くらいで、中にはバイトをしてお金をため、安いホテルや民宿に泊《と》まり、自ら炊飯器《すいはんき》を持ち込《こ》んでお弁当を作ってくる実習生や、「将来水族館で働きたいっ！」と目をキラキラと輝《かがや》かせた熱心な実習生もいます。かつて、私もそんな一人でした。

彼《かれ》らは実際にスタッフが毎日行っている作業を体験します。掃除《そうじ》や餌《えさ》の準備、ショーの補助、トレーニング見学などいろいろです。そして、私たちが当たり前と思っていることも、彼らにとっては見るのもやるのも初めてなのです。

例えば、ショーで動物たちに与《あた》えている魚は小さく切ってあるのですが、小さい魚

イルカに触れながらトレーニングの説明を受ける実習生

を与えていると思っている実習生もいるのです。包丁《ほうちょう》で切って餌の用意をしますが、魚を切るのが初めてで、うまく切れず苦戦することも多いです。

実は、私もそうでした。学校の勉強だけでは学ぶことができないことが実習に来ると実体感でき、経験することで身につくのです。

今では私も、こうして彼らに飼育環《かん》境《きょう》の実態《じったい》を伝える立場となりましたが、伝えることも大変だと感じています。

実習生は一人一人違《ちが》うので、その人に合った分かりやすい伝え方を考えます。これは動物のトレーニングにも通じるものがあります。動物にも、その意図を分かりやすく伝えなければ、いろいろな種目をお客さまに披露《ひろう》することはできません。人に伝えることが私にとっても、良い勉強になっているのです。

実習生が来るたびに熱心に取り組む姿勢を見て、いつまでもがむしゃらに初心を忘れない気持ちは大切だと感じさせられます。実習生が来る季節になると、かつての私と同じように、ひたむきにがんばる学生のキラキラと輝く目を、真っすぐ見つめ返せる自分でいたいと思います。

（２０１５年９月29日　佐々木佑輔＝海獣飼育課）

魚の集め方

北海道の海にすむ
エゾメバル。
本州の水族館にとっては
貴重な魚だ

「水族館の魚はどうやって集めているの?」。お客さまによく質問されます。

みなさんと同じようにペットショップや熱帯魚専門店で購入《こうにゅう》することもありますし、そのような専門店や水族館を相手に魚の販《はん》売《ばい》を行う業者から購入したりもします。

しかし、そういった専門業者でもめったに取りあつかっていないのがホッケやエゾメバル（ガヤ）など北海道の冷たい海にすむ魚です。

こうした魚をどう集めるかといえば、私たち飼育係が地元の漁師さんの漁船に乗船し、一緒《いっしょ》に網《あみ》揚《あ》げをし、欲しい魚を選び、格安で譲《ゆず》っていただきます。「網おこし採《さい》集《しゅう》」といい、主に4月に行います。部署《ぶしょ》を問わず全員が参加する年に一度の大仕事で

船に乗って欲しい魚を採取する「網おこし採集」

す。

専門業者でも取りあつかっていない北海道の魚は、本州の水族館にとって大変貴《き》重《ちょう》な生物といえます。そのため、本州の水族館からリクエストが来ますので、「網おこし採集」にはそれに応《こた》える目的もあります。

発送方法は空《くう》輸《ゆ》！　発泡《はっぽう》スチロール箱の中に海水の入ったビニール袋《ぶくろ》を入れ、そこに魚を泳がせます。氷（ドライアイスも）で冷やし、さらに酸欠にならないよう、酸素を充填《じゅうてん》し輪ゴムでしばります。飛行機で全国の水族館に魚を届けます。

その逆に、全国の水族館からその土地ならではの魚を発送してもらい、おたる水族館でみなさんにご紹介《しょうかい》しています。

水槽を見るとき、「この魚はどこから来たのかな？」と考えながら見るのも楽しいかもしれませんよ！

（2010年5月11日　高橋徹＝魚類飼育課）

トドとのハプニング

獣舎の中で、くつろぐトド

水族館勤務が長くなると、いろいろな出来事、特にハプニングに遭遇《そうぐう》します。一瞬《いっしゅん》にしてパニック、思わず吹き出してしまうような場面、時として生命の危機にも……。決して大げさではありません。

トドのショーを担当していたころ、当時7頭のトドが魚のキャッチや、高さ7メートルからのダイビングを1日3回行っていました。ショーの最中は、トドのコントロールに集中しています。ところがハプニングは予告なしに突然《とつぜん》起きます。

これからメインのダイビングと思った瞬《しゅん》間《かん》、人の気配が……。トドと私しかいないはずのステージ上に、1人の見知らぬおじさんが侵入！　とにかくトドたちをおじさんから遠いダイビング台へ誘導《ゆうどう》、その間に

おたる水族館で人気のトドショーの豪快なダイビング

異変に気づいたスタッフが適切に対処しました。後で聞いた話ですが、相当お酒を飲まれたお客さまだったそうです。

命の危機を感じたのは、トドの調教前の出来事です。海獣《かいじゅう》公園にはトドの飼育施《し》設《せつ》、獣舎《じゅうしゃ》があります。ショーのスターを目指すトドはこの獣舎とよばれる施設で暮らします。

トドはケージという個別のとびらのある部屋にいて、訓練時は獣舎からステージへ、さらに観音開《かんのんびら》きのとびらを開けて移動します。ハプニングは、２頭のトド（体重各７００キロ）を訓練させようとしたときに起きました。

２頭のトドのケージのとびらを順番に開け、いつものように私が先頭に立って、走ってステージへ誘導《ゆうどう》しました。ところが、開いているはずのステージに抜ける観音とびらが閉まっていたのです。

「まずい」と思ってふり返ると、２頭が接近しすぎたためか、けんかを始めました。決着はすぐにつき、負けたトドがステージに出ようと突進《とっしん》してくるではありませんか。

私は逃げる間もなくとびらとトドの胸板にはさまれ身動きが取れずに「つぶされる」と本気で思いました。幸い、私がつぶれるより早くとびらのロックが壊《こわ》れ、転がるように脱出《だっしゅつ》できました。

（２０１３年2月26日　川尻孝朗＝営業課）

日本初のアザラシショー

ショー元年の
78年7月、
鐘を鳴らす演技に
成功した瞬間

1978年（昭和53年）4月、この年のおたる水族館営業初日。ショーが始まる時間が近づき心臓の鼓動《こどう》が耳の奥《おく》で聞こえてきそうな、そんな緊張感《きんちょうかん》を今でも覚えています。

その前年。飼育員として入社1年ほどたったころでした。おたる水族館の目玉にと、日本で初めてのアザラシショー開発の担当になりました。当時は「アザラシは臆《おく》病《びょう》で警戒心《けいかいしん》が強く、人には慣れない」が定説でした。

「ならば挑戦《ちょうせん》しよう！」。その年生まれたゴマフアザラシの「ボケ」「ヒゲ」「チビ」、ゼニガタアザラシとゴマフアザラシのミックス「トラノコ」の4頭がスターを目指し訓練開始したのが77年秋のこと。

といっても誰《だれ》もやったことのない調教で

差し出した手を目標に、
水中から
スピンジャンプする
アザラシ＝79 年夏

す。教えてくれる人もマニュアルもありません。訓練はアザラシが集中できるように、お客さまが帰った後や朝早く誰もいないときに行いました。手から餌《えさ》を取ってくれるまでに2カ月、触《さわ》っても驚《おどろ》かなくなるまでに1カ月。餌と間違えて手をかまれたり、カモメやカラスに驚いて2、3日寄って来ないこともしばしば。大勢のお客さまの歓《かん》声《せい》の中で堂々と演技する現在のショーからは考えられないでしょうが、当初はちょっとしたことがハプニングの種になりました。なんと言っても、アザラシ4頭との信頼関係を築くまで長い時間が必要でした。

いよいよ初の「アザラシショー」の幕が開きました。みぞれ交じりの中、観客席には15人ほどのお客さま。1種目、2種目と何とか演技を終え、ラストのすべり台演技に入ったときです。小降りだったみぞれが激しくなり、お客さまの一人がかさを開いたのです。その瞬間《しゅんかん》、すべり台を上っていたアザラシたちが驚いて、4頭とも裏側のプールへとダイビング。ショーのステージに私一人が取り残されました。ああ……。

今思えば、苦く恥《は》ずかしい、でもなつかしい思い出です。

（2009年6月23日　川尻孝朗＝営業課）

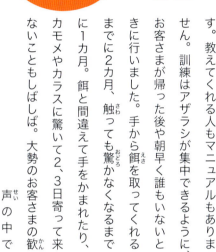

第3章

いのちをつなぐ

ゼニガタアザラシの出産

母親ミミの背中に
乗って遊ぶ
ゼニガタアザラシの
赤ちゃん

おたる水族館で、6年ぶりにゼニガタアザラシの赤ちゃんが生まれました。出産したのは、2006年に釧路《くしろ》市動物園から来た「ミミ」と、05年におたる水族館で生まれた「キャラメル」の2頭で、どちらも初めての出産でした。

5月7日に「ミミ」、同11日に「キャラメル」がそれぞれ早朝に出産し、性別はどちらも女の子でした。授乳《じゅにゅう》してくれるか心配でしたが「ミミ」は出産直後から赤ちゃんに寄り添《そ》い、授乳を確認でき安心しました。赤ちゃんは日ごとに活発になり、よく母親の背中に乗って一緒《いっしょ》に泳ぐなど元気いっぱいです。

しかし「キャラメル」は赤ちゃんに寄り添うことなく離《はな》れていきました。母親の自覚を持ってくれるよう願いましたが子育て

ゼニガタアザラシは、水中でも器用に赤ちゃんに授乳する

ができず、翌日の人工《じんこう》哺育《ほいく》のかいもなく、命を落としてしまいました。

ところで、アザラシの赤ちゃんというと、みなさんは「白い産毛《うぶげ》」を想像すると思いますが、ゼニガタアザラシは白くありません。母親の胎内《たいない》で産毛を脱《ぬ》ぎ捨てて親と同じ模様で生まれます。生まれてすぐに泳げ、陸上でも水中でも授乳します。

野生では生息数が減少し絶滅《ぜつめつ》の危機にあるうえ、日本の動物園や水族館でもあまり飼育・繁殖《はんしょく》されておらず、水族館で生まれた個体が出産・育児するのは貴重なことです。

今回失った命を無駄《むだ》にしないように、また繁殖に挑戦《ちょうせん》し、次はもっともっと安心して出産・子育てができるように努力します。

（2012年5月22日　鍵市陽希＝海獣飼育課）

●●●

「ミミ」と「キャラメル」は現在も健在ですが、「ミミ」の子供は2013年3月の大しけのときに外の海へ出て行ってしまいました。

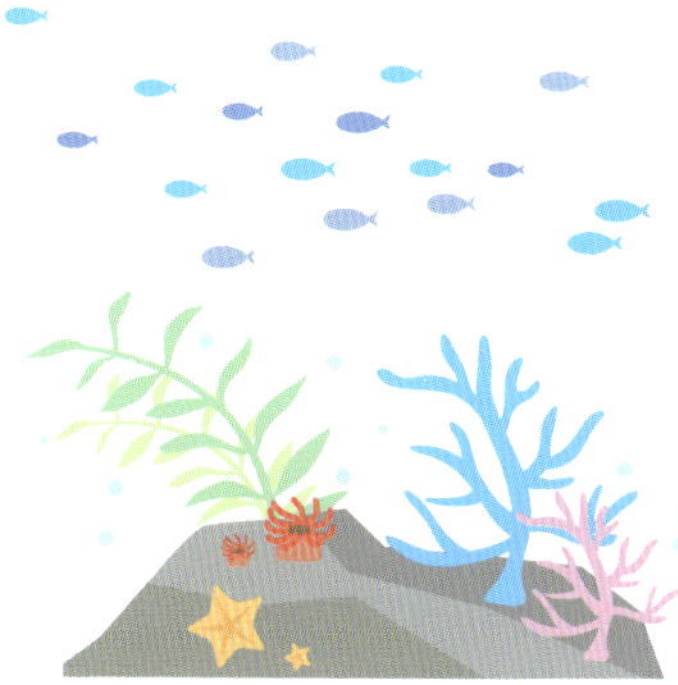

目見えない母トド

哺乳中の
お母さんの
ウメとレオ

トドのウメは1995年、推定《すいてい》1歳《さい》のときに紋別《もんべつ》で保護され当館に来ました。初めての出産は6歳で、これまでに10頭の出産を経験した子育てがうまいベテランです。しかし、ウメは2年前から視力が低下し、昨年からはまったく目が見えなくなりました。そんな中、今年も赤ちゃんを産んだのです。

　赤ちゃんはオスでした。この状態で哺《ほ》乳《にゅう》ができるのか？　赤ちゃんを危険から守ることができるのか？　心配でたまらず早朝から夜暗くなるまで、休日返上で毎日見守りました。観察は赤ちゃんが活発に歩き回ったり、泳いだりできる状態になるまでの15日間続けました。

　出産当日、ウメは赤ちゃんのそばにぴったり寄り添《そ》っていましたが、まだ哺乳でき

生後30日となり
活発に遊ぶレオ

ていません。やはり目が見えないからうまくいかないのか？　とても不安でしたが、翌朝哺乳を確認でき、少し安心しました。

生後４日目、ホッとしたのもつかの間、赤ちゃんがプールに落ちてしまいました。トドの赤ちゃんは、生後数日間は泳ぐことができません。１週間ほどして母親と水の中に入り泳ぎ方を覚えます。以前のウメならすぐプールからくわえ上げましたが、今は目が見えないので赤ちゃんの鳴き声だけが頼《たよ》りです。赤ちゃんは必死に泣きさけびました。するとウメは声だけを頼りに見事くわえ上げたのです。目が見えなくてもウメには赤ちゃんがしっかり見えていました。さすがベテランのお母さん！　これならウメに任せて安心です。

ウメの深い愛情ですくすく育っている赤ちゃんに名前をつけました。トドはアシカの仲間で、アシカは英語でシーライオンといい、ライオンのように強く、たくましく育ってほしいと願って「レオ」と名づけました。３年後にはトドショーに登場しているかもしれません。

（２０１２年８月21日　梶征一＝海獣飼育課）

「ウメ」は２０１７年１月５日その生涯《しょうがい》を閉じましたが、「レオ」は現在ショーで活躍しています。

小さないのちを救う

元気になった2頭。くろまめ（右）とミカエル

9月4日、屋外プールへやってきた2頭のゼニガタアザラシの赤ちゃん。不安げにキョロキョロ周りを気にしつつもプールに入り、やがて力強く泳ぎだしたその姿に、私たちは胸をなでおろしました。

2頭の名前は「くろまめ」（メス）と「ミカエル」（オス）。どちらもえりも町で保護されました。くろまめは4月に海岸で、ミカエルは7月に定置網《ていちあみ》に入り込《こ》み衰弱《すいじゃく》していました。

現地の方の通報で、まず東京農大の先生と学生さんが救助に向かい一時保護しました。さらに、容体《ようだい》が安定した後、おたる水族館へ運ばれ、屋内の治療《ちりょう》プールでリハビリを続けていましたが、この日、ようやく退院したのです。

ミカエルの回復は順調でした。くろまめ

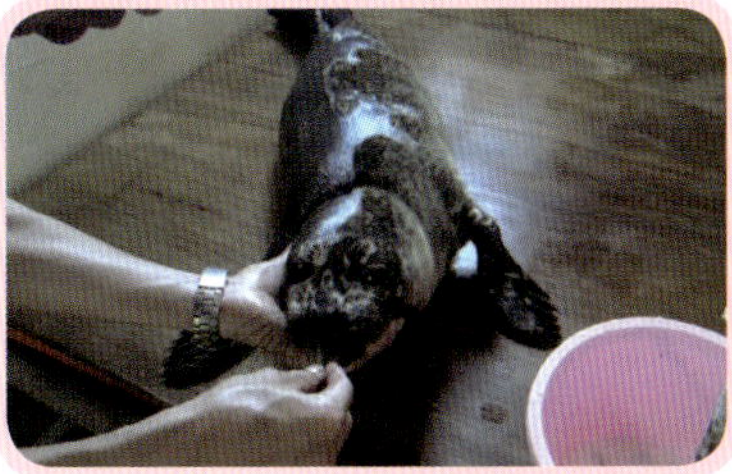

くろまめは、最初は自分で餌を食べられませんでした

は一時、体調を大きくくずし危険な状態にもなりましたが、今ではすっかり元気です。

野生動物を治療することで体重、体長、体温、血液の状態、ふんの分析から、何を食べているかなど、いろいろな知見を得ることができ、それを飼育動物の健康管理に反映することができます。また、逆に飼育動物の治療経験を野生動物の救命に生かすことができます。

屋外プールで1カ月経過し、少しずつ体も大きくなり、生き生きと泳ぎまわるくろまめとミカエルを見ていると、本当にかわいいと思います。しかし一方で、ゼニガタアザラシは漁師さんにとっては、漁網《ぎょもう》に入り魚を食べてしまう「害獣《がいじゅう》」でもあります。

私たちもアザラシも、魚を食べて生きています。水族館は、ただ楽しんでいただくだけでなく、人と野生動物の共存という、すぐに明確な答えが出ない問題を来館する方々にお伝えし、興味を持って考えていただくきっかけの場でもありたい。そのために何ができるか、考え続けていきたいと思います。

（2015年10月13日　角川雅俊＝海獣飼育課獣医師）

「くろまめ」は2016年2月24日、1歳《さい》の誕生日を迎えることなく生涯《しょうがい》を閉じました。

ミニ解説

毎年1～4月、海岸などで保護されたアザラシが水族館に運ばれてくる。職員が親代わりになってミルクや魚を与えて世話をする。

展示する魚を求めて

おたる水族館が国内で初めて繁殖に成功したナガガジ

おたる水族館は、1958年の北海道大博覧会「海の会場」として建設され、16年後の74年に株式会社小樽水族館公社として再出発しました。

　私は、その公社の最初の社員として入社し、先輩《せんぱい》の指導を受け、7〜8頭のトドを使った世界でも類のないショーにたずさわることになりました。その後、魚の飼育に移り、展示する魚を求めて道内は稚内《わっかない》、根《ね》室《むろ》、函館《はこだて》、本州は茨城《いばらき》県まで車で走りました。

　飼育技術が先か、展示する魚が先かで、上司から意見されたこともありましたが、「魚がいなければ飼育技術の研さんもできない」と突《つ》き進んでいるころでした。

　今思えば、もう少し腰をすえて飼育に専念する時間を持つことも大切だったのですが、若かったのでしょう。しかし、そのか

釧路湿原のみに生息するキタサンショウウオ

いあってナガガジ、ヒメエゾボラをはじめとした魚や海獣《かいじゅう》で、おたる水族館は何度も繁殖賞《はんしょくしょう》を受賞することができました。

　繁殖賞とは国内で初めて魚や動物の繁殖

に成功し、6カ月以上生存させた水族館や動物園に日本動物園水族館協会から贈《おく》られる名誉《めいよ》ある賞です。

　国内初展示にこぎつけたキタサンショウウオは国内では釧路湿原《くしろしつげん》のみに生息し、環《かん》境省《きょうしょう》が指定する希少生物《きしょうせいぶつ》です。釧路湿原から卵を持ち帰りふ化させて大きく育て、再び採集地に出向き放流する保護活動にも力を入れてきました。

　湿原の中にある落とし穴「谷地《やち》まなこ」に肩《かた》まではまって大変な思いをしたこともあります。絶滅《ぜつめつ》させないための手だてとして、積極的に私たち〝水族館人〟が繁殖技術を身につけ、種の保存に力を注ぐことも水族館の大切な役割の一つです。

（2009年6月9日　籠島賢二＝飼育部次長）

冬・命の輝《かがや》き

ふ化したサケの稚魚たち

命の誕生！ それは想像を超《こ》える神秘的な瞬間です。北海道の冬、冷たい水の中の荒波《あらなみ》にもまれる環境でたくましく生きる魚たちがたくさんいます。そんな魚たちの多くはこの過酷《かこく》な時期に産卵期を迎《むか》えます。厳しい環境《かんきょう》で外敵から身を守りながら、小さな命はどのようにして過ごしているのでしょうか。

魚の種類によって産卵する環境が違《ちが》い、卵にもそれぞれ特性があります。沈《しず》む卵や浮《う》く卵、粘着《ねんちゃく》する卵やバラバラになる卵があり、大きさや色も違い、卵一粒《ひとつぶ》一粒が宝石のようにとても輝《かがや》いていて貴重です。

さらに、産卵からふ化までの成長も違います。積算《せきさん》温度（卵が育っている一日の平均水温を足していった温度）によって発眼《はつがん》日《び》（卵の中に目が見えてくる日）やふ化日

ホテイウオの発眼。卵の中に眼が見えます

が決まるのですが、サケは産卵後から積算温度２４０度で発眼します。直径7ミリほどの卵の中から二つの大きな目で見つめられると、こちらが恥《は》ずかしくなるくらいです。ときどき卵の中で体を動かす様子も見られ、懸命《けんめい》にふ化を待つ姿に感動する瞬間《しゅんかん》でもあるのです。

　産卵後から積算温度が４８０度になるとふ化が始まります。ふ化後約30～40日は餌《えさ》を食べなくてもいいように、稚魚《ちぎょ》はおなかに「さいのう」とよばれる大きな栄《えい》養袋《ようぶくろ》を抱《かか》えていて、その栄養を吸収しながら育ちます。

　小さな卵の中に新しい命が宿り、その中で日々成長し、やがて体をゆさぶって卵の殻《から》を破り、飛び出してくる稚魚。誕生《たんじょう》した直後から泳ぎだす力強い姿に、私は生命の神秘《しんぴ》を感じています。

（２０１５年12月1日　梶征一＝魚類飼育課）

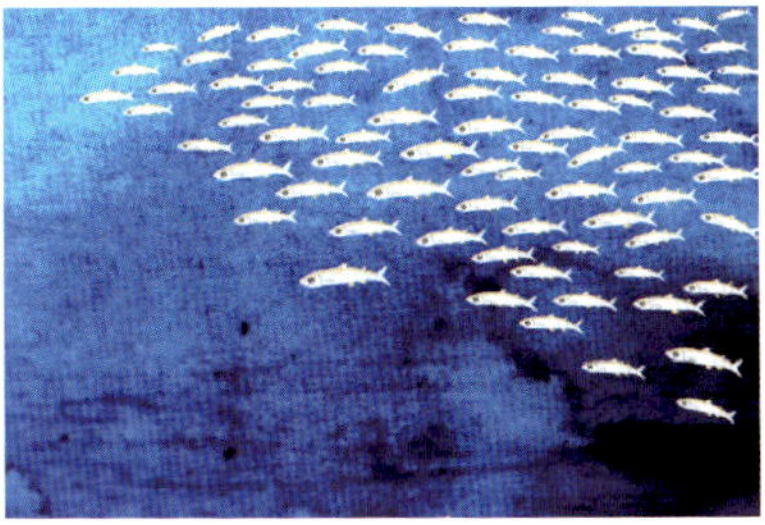

哀惜《あいせき》・トドのガンタロウ

10月26日、1頭のトドが22歳で世を去りました。名はガンタロウ。おたる水族館を象徴《しょうちょう》するトドでした。

ガンタロウは1997年に海からさくを乗り越《こ》えて突然、トドプールに侵入《しんにゅう》してきました。首に漁網《ぎょもう》が巻きつき、肉が裂《さ》け骨まで到達《とうたつ》しそうな深い傷を負っていたため保護し、治療《ちりょう》することになりました。

そんな瀕死《ひんし》の状態にもかかわらず、眼光するどくにらみつけ〝ガンを飛ばし〟近づく者を威嚇《いかく》する姿は、決して弱みを見せない野生動物そのものでした。

4カ月におよぶ治療と驚異的《きょういてき》な回復力で元気になったガンタロウは、持ち前の気の強さと海獣《かいじゅう》公園一の食欲でめきめきと頭角を現しました。ガンタロウは人気者で、自然と周りにほかのトドたちが集まってき

ガンタロウ（左）の背中に乗って遊ぶ子供

ました。

２００１年には１頭のオスとたくさんのメスでつくる集団のボスに上り詰《つ》めたのです。オスのトドは子育てには参加せず無関心なことが多いのですが、よく子供を背中に乗せて遊ばせたり、水から上がって一緒《いっしょ》に寝《ね》たりしていました。

ボスとして君臨《くんりん》する14年間で20頭もの子を残しました。日本一の記録です。

現在、トドショーで活躍《かつやく》している3頭とデビューを控《ひか》える2頭は、いずれもガンタロウの子供。ほかに本州の水族館に移りボスとなった子もおり、孫も生まれています。各地でガンタロウの血が脈々と受け継《つ》がれているのです。これからもガンタロウが後世につないでくれた命を絶やすことなく、多くの方々にトドについて知っていただけるよう全力を尽くしたいと思います。

（２０１６年11月22日　川本守＝海獣飼育課）

「ガンタロウ」は最終的に24頭の子供の親となりました。また現在ショーで活躍している7頭のうち4頭がガンタロウの子供です。

繁《はん》殖《しょく》賞《しょう》

姿かたちが本当に愛らしいフウセンウオの幼魚

私たち飼育係は、飼育生物が健康的に生き生きと暮らせるように水流や餌《えさ》の種類を工夫《くふう》し飼育しています。そして、そのすべてがうまくいくと実現するのが（運もありますが…）「繁殖」です。そう、卵や赤ちゃんの誕生です。みなさんは、水《すい》槽《そう》内で生物が繁殖するのは「ごく当たり前」と思われているかもしれませんが、実はそうではありません。

　おたる水族館が加盟《かめい》する日本動物園水族館協会では、飼育動物が繁殖し、それが日本で最初であったときは、規定にもとづいて「繁殖賞」が授与《じゅよ》されます。繁殖賞には「自然繁殖」「人工《じんこう》哺育《ほいく》」「人工授精《じゅせい》」の三つのカテゴリーがあります。

　これまでおたる水族館は「トド（自然）」「ゴマフアザラシ（人工哺育）」「ホッケ（自

然）」など13種で受賞しています。これも歴史ある当館ならではですが、今年は新たに「キタサンショウウオ（自然）」「エゾトミヨ（人工授精）」「フウセンウオ（自然）」で受賞しました。

　キタサンショウウオとエゾトミヨは絶滅《ぜつめつ》危《き》惧《ぐ》種《しゅ》に指定され、希《き》少種《しょうしゅ》の生態解明や保護に関わる研究の中で特に繁殖を目指していました。この繁殖が、彼《かれ》らの絶滅回避《かいひ》の一助になればと思っています。フウセンウオは、そのかわいらしさから「成魚よりカワイイこの魚の子供たちをお客さまにお見せしたい」という思いで挑戦《ちょうせん》しました。

　繁殖賞の受賞は大変名誉《めいよ》なことですが、飼育係としては繁殖自体が飼育生物たちから「飼育の合格点」をもらったようで、何よりうれしいのです。私たちはこれからも、生き物たちが繁殖できるほど「楽しく幸せに」暮らしていけるようがんばりたいと思います。

（２０１１年10月25日　高橋徹＝魚類飼育課）

繁殖賞はその後も増え、現在では合計16種で受賞しています。

繁殖に成功した、絶滅危惧種のキタサンショウウオの幼生

生と死

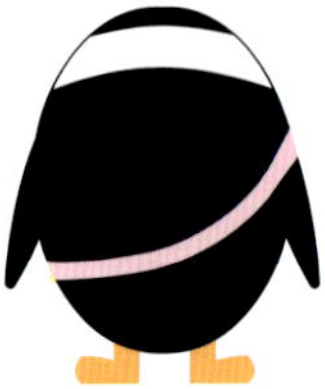

ゼニガタアザラシの「トラ」、ゴマフアザラシの「イヨ」、バンドウイルカの「トミ」、トドの「ガンタロウ」。おたる水族館で昨年、生涯《しょうがい》を閉じた長寿《ちょうじゅ》動物たちです。

野生動物は、自らの寿命《じゅみょう》を理解しているかのように死の1週間ぐらい前から何も食べなくなります。死を自覚し、自ら「食」を断《た》って潔《いさぎよ》く死ぬのです。46年の生涯のほとんどを水族館で過ごしたトラも、そのように眠《ねむ》るように逝《い》きました。「生きること」は「食べること」なんだと身をもって示してくれたのです。

このように昨年は、当館の長い歴史をじっと見続けてきた長寿動物たちの死から「生きること」の意味を痛感《つうかん》した年でした。

一方、新しい命にも恵《めぐ》まれました。4月

並んで眠る
トドの子たち

には7年ぶりにセイウチが生まれ、すくすく育ち、出産時に40キロほどだった体重は180キロになりました。初めての冬はとても興味深いようで毎朝、雪の中に真ん丸の顔を突《つ》っ込《こ》みよく遊んでいます。

6月には、トドが3頭生まれました。最初は母親にべったりでしたが、次第に離《はな》れて遊ぶようになり、母乳を飲むとき以外は子だけのコミュニティーを形成するようになりました。

「野生でも、きっとこうやって子で集団をつくり成長するのだろう」。野生本来の習性を垣間《かいま》見てそう実感しました。生後3週間で独《ひと》り立ちするアザラシとは「体形は似ているけど違《ちが》うなぁ」とも感じ入りました。

毎年、多くの生き物が生まれ死んでいきます。自然界では、人がそれらの瞬間《しゅんかん》に出合うことはまれです。

過酷《かこく》な自然の中で生まれ、自身の遺伝子《いでんし》を残すためだけにたくましく生き抜《ぬ》き、この世への未練《みれん》なく潔く死んでいく野生動物。人の感傷など立ち入るすきのない野生動物のありのままを感じていただけるよう、水族館の展示を通じ、伝え続けたいと思います。

（2017年1月10日　伊勢伸哉＝館長）

準絶滅危惧種のエゾトミヨ

希《き》少《しょう》種《しゅ》エゾトミヨ

水族館では、けがをした野生生物の治療《ちりょう》や、絶滅《ぜつめつ》の危機にひんしている生き物の保護も行っています。

魚の場合、特にマグロなどの食用魚は世界レベルで保護が検討されますが、そうでない魚は残念ながら後回しとなります。そこで水族館の出番です。

例えば環境省《かんきょうしょう》のレッドリストで準絶滅《じゅんぜつめつ》危惧種《きぐしゅ》に指定されている「エゾトミヨ」。体長5、6センチで、道内の河川などにすんでいます。背中にとげがあり、オスは産卵期に真っ黒な婚姻色《こんいんしょく》になり、水草で巣を作る子供思いの魚です。生息域《せいそくいき》が人間の生《せい》活圏《かつけん》に近く、市街化《しがいか》などの影響《えいきょう》を受けやすいのです。

このため野外で生息地調査を行い、万が一、絶滅した場合に備え繁殖《はんしょく》技術を確立

エゾトミヨを求めて
札幌市内の川で行った
野外生息地調査

し種を保存しています。当館では昨年、エゾトミヨの繁殖に国内の水族館で初めて成功しました。

野外調査は道内のほかの水族館と協力し、札幌近郊《きんこう》の河川《かせん》などでタモ網《あみ》を使って魚をすくいます。いい年をした大人たちが昼間から魚捕《と》り。見る人の目には、どんな風に映るのでしょうか。

それはそうと、このような希少種とそれを取り巻く環境《かんきょう》について多くの方に知っていただこうと、水族館では希少種のコーナーも設けています。地球温暖化など環境問題が話題になっていますが、いま一度身近な環境に目を向けてみませんか。

（2008年11月18日　三宅教平＝魚類飼育課）

「セイウチ」の嫁入り

鳥羽水族館に
向かうため、
ケージに入る
練習をするツララ

ツララの
チャームポイントは口元。
チューも得意技の
一つです

水族館は楽しく過ごす憩《いこ》いの場としてはもちろん、調査や研究、情操《じょうそう》的《てき》な教育の場としての役割もあわせ持っています。さらに野生からの大使《たいし》である多くの動物を間近で見て、彼《かれ》らが暮らす環境《かんきょう》そのものを感じてもらうという大きな役割もになっています。彼らの行動や習性をあるがままに、しかも楽しくご覧いただけたなら、すべての生き物が暮らす地球環境への意識も強まるでしょう。過酷《かこく》な自然で生き抜《ぬ》く動物たちが健全に命を育んでこそ、伝わることも大きいと考えています。

２００９年5月、メスのセイウチが誕生しました。天真爛漫《てんしんらんまん》で気まぐれな子は「ツララ」と名づけられ、すくすく育ち、満6歳《さい》を過ぎた今では体重５４０キロ。繁殖《はんしょく》可能な状態になりました。セイウチは現在、全国で9施設《しせつ》に計26頭いますが、繁殖に成功した施設は2施設だけ。ワシントン条約該当《がいとう》種でもあり、原産国からの搬入《はんにゅう》は今後見込《みこ》めません。この26頭で「命をつなぐ」には、ホッキョクグマのように移動することが欠かせず、ツララは三重県の鳥羽《とば》水族館へ嫁《よめ》に行くことになりました。

人間の力など到底《とうてい》およばぬ自然下で、絶えることなく命をつないでいる野生動物。ペットや家畜《かちく》と異なり、人との関わりが浅く歴史が短いため、まだまだ分からないことばかりですが、今後もさらに多くの施設と協力し「大使」の命をつないでいこうと考えています。いつの日か、ツララが子を産んでくれるのを待ち望んでいます。

（２０１６年４月５日　伊勢伸哉＝館長）

手厚い管理で育つ卵

フウセンウオの幼魚

おたる水族館には主に冷水系の魚などの繁殖《はんしょく》を行う研究室があります。この研究室では、フウセンウオやホテイウオの幼魚をはじめ、つい最近サケビクニンやオニシャチウオの展示水槽《すいそう》で発見して持ち込んだ卵、それに自然の海から採集した卵などが飼育されています。今回は手厚い管理のもとで飼育される卵についてのお話です。

産卵直後の卵は二重のリングが見えることで受精《じゅせい》していることを確認します。日がたつにつれ卵の中に黒い点が二つ見えるようになります。「目」です。その後、卵の中で動きが活発になり魚の形ができ上がってきます。顕微鏡《けんびきょう》で確認すると血流が見えて「いのち」そのものを目《ま》の当《あ》たりにすることができます。

ふ化した
ホテイウオの幼魚

ふ化までの日数は種類によって大きく違います。しかも一斉《いっせい》にふ化するもの、だらだらと何日にもわたってふ化するものなどさまざまですが、これまでに繁殖したデータのない国内で初めてのケースでは、ふ化までは本当に気の抜《ぬ》けない日々の連続です。でも、無事にふ化してくれると、言葉に言い表せない感動に満たされます。

しかし、いつまでも喜んでいられない現実が待っていて、本当の苦労はここから始まるのです。やがて、ふ化したチビちゃんたちの空腹を満たす餌《えさ》のプランクトンが必要になります。そのプランクトンを増殖《ぞうしょく》させたり、赤ちゃんの成長段階にあわせてその種類を変えたり、餌の回数も増やします。

食べただけ汚《よご》れる水槽の掃除《そうじ》も欠かせません。細いホースを使って排《はい》せつ物だけを取り除くときには、子供たちを吸ってしまわないように気を使います。残念ながらふ化したものがすべて育っていくわけではないので、そこに飼育の難しさを感じます。

（２０１２年12月11日　折笠光希子＝魚類飼育課）

ミニ解説

「冷凍機」は夏に水槽の水を冷やすために活躍《かつやく》する機械。冷媒《れいばい》ガスとよばれる気体を圧縮して、膨張《ぼうちょう》させる時に周りの熱を奪《うば》う性質（気化熱）を利用して水を冷やす。

ペンギンの子育て

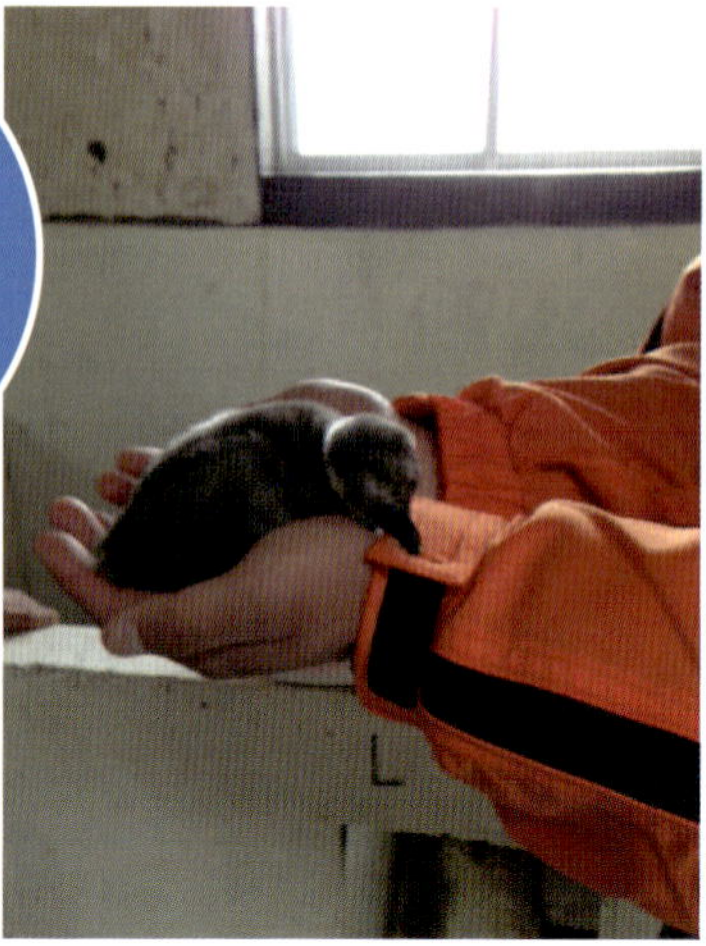

ふ化したばかりのひなは、手のひらに乗るサイズ

生後30日目。体重は2キロにもなり、早くも貫禄が！

春はフンボルトペンギンの繁殖期《はんしょくき》です。今年も3月上旬から産卵の準備でペンギンの夫婦は大いそがしです。

ペンギン舎内には産卵場所となる産室があり、そこに巣箱と巣の材料になるわらを入れると夫婦で巣作りを行います。準備が整うとメスが2個の卵を産み、産卵後は夫婦で協力しながら約40日間卵を温めます。

卵の温め方はさまざま。2個の卵を1羽で温めてときどき交代する夫婦もいれば、オスとメスで1個ずつ温める夫婦もいます。その間飼育員は、産室をお掃除《そうじ》してわらを足してあげたり、餌《えさ》を食べさせたりしながら刺激《しげき》を与《あた》えないように、そっと見守ります。

無事にふ化したひなは体重が１００グラムほどで、手のひらに乗るサイズです。小さなひなを大切に守りながら親ペンギンはいつもの何倍もの餌を食べ、ひなにも与えて一生懸命《いっしょうけんめい》育てます。ひなはぐんぐん大きくなり、生後1カ月で体重は2キロにもなります。

今年は初めて子育てをする夫婦がいます。名前は「おとうちゃん」（オス）と「おかあちゃん」（メス）。一生懸命ひなを育てています。ひなが小さかったときは「おかあちゃん」がひなを独占し、つきっきりで守っていました。ひなが成長するにつれて、ずっと見守るだけだった「おとうちゃん」も子育てに参加し、立派なイクメンぶりを発揮《はっき》しています。

（2013年6月11日　佐藤友美＝海獣飼育課）

ミニ解説

ペンギンは1年間同じ羽毛《うもう》のままでいると、はっ水性と保温性が低下し、不衛生《ふえいせい》になるうえ、水がしみ込《こ》むようになる。そのため、年に1度、内側から新しい羽毛ができてきて、古い羽毛が徐々に抜けて羽毛が抜《ぬ》け換《か》わる「換羽《かんう》」という期間がある。

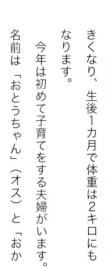

今年もペンギン誕生

生後約2週間のひなと、世話をするごう

今年は6月に2羽のジェンツーペンギンが誕生しました。オスの「ごう」とメスの「ボボン」のペアは今回が2度目の子育てです。

昨年は「アラレ」を見事に育てました。今年は、産卵からふ化まではオスとメスが交代しながら順調に卵を温めていましたが、ひながふ化すると事態は変わりました。ごうがひなを独占してしまったのです。ふ化してから2週間、ボボンがひなの世話をしたのはたったの1日。ごうはひなを大事に育て、成長も順調でした。

しかし、巣箱の交換《こうかん》をきっかけにさらに事態は変わります。やっとボボンに交代したと思ったら、ボボンは自分のひなを攻撃したのです。一緒に過ごした時間があまりに短かったために、自分のひなであることを忘れてしまったかのようでした。ひなも、ごうにしか頼らなくなり、ごうにばかり負担がかかってしまったため、様子を見ながら飼育員が補助的にひなに給餌《きゅうじ》しています。

今のところひなの生育は順調で、ごうも休憩《きゅうけい》時間をつくりながら子育てをしています。動物の飼育は「今までどおり」が通用しない予想外のことが起きる世界だとあらためて実感しました。

でも、それをサポートし、命をつないでいくのが飼育員の仕事でもあります。3カ月もすると、ひなは巣立ちます。

（2017年7月25日　浜夏樹＝海獣飼育課）

●●●

「ごう」は2017年10月22日、9歳でその生涯《しょうがい》を閉じました。

第4章

生き物の不思議 2

クラカケアザラシ

健康状態を管理するために行うトレーニング

今回ご紹介《しょうかい》するのはクラカケアザラシの「さくら」です。みなさんはクラカケアザラシをご存じですか？

おたる水族館では、北海道周辺に生息する5種類のアザラシを飼育しています。北海道で一番多く見られるゴマフアザラシ、北海道の東部で一年中見ることのできるゼニガタアザラシ、「タマちゃん」の愛称《あいしょう》で有名になったアゴヒゲアザラシ、アザラシの中では最小の種類のワモンアザラシ、そしてクラカケアザラシの5種類です。クラカケアザラシは、体に鞍《くら》をかけたような帯状の白い模様があるのが特徴《とくちょう》です。小さいころはあまり目立ちませんが、成長するにつれてはっきりとした模様になります。

「さくら」は2013年6月に網《あ》走《ばしり》で保護され、おたる水族館にやってきました。

得意のカメラ目線でかわいらしい表情を見せるさくら

体が小さく、体重も20キロほどしかない子供のアザラシでした。初めは、餌《えさ》を見せただけでも怒《おこ》っていましたが、慣れるまでにそんなに時間はかかりませんでした。翌日には手から魚を食べてくれるようになり、安心しました。

搬入《はんにゅう》から2週間後にはトレーニングを開始しました。トレーニングといってもショーを行うためではなく、健康状態を管理し維持《いじ》するためです。1日に2、3回行い、今では、体重・体長・体温測定をすることができるようになりました。今後は採血《さいけつ》をできるようにすることが目標です。

クラカケアザラシは飼育している施設《しせつ》も少なく、飼育下での記録がほとんどありません。さらに、細菌《さいきん》や傷などにも弱く、飼育するだけでも非常に難しいアザラシです。いつもかわいらしい表情を見せてくれるさくらですが、毎日トレーニングを行いながらその日の変化を常に感じとるように心がけています。

（2014年5月20日　鍵市陽希＝海獣飼育課）

クラカケアザラシの「さくら」は2015年2月9日、2歳《さい》（推定）でその生涯《しょうがい》を閉じました。

警《けい》戒《かい》心《しん》で身を守る チンアナゴ

周囲を警戒して
身を守る
チンアナゴ

11月11日。何の日かご存じでしょうか?「チンアナゴの日」なのです! チンアナゴが海底の砂から体を出している姿が「1」がたくさん並んでいるように見えることから決められました。今回は、記念日ができるほど愛されているチンアナゴ（英名・ガーデンイール）をご紹介《しょうかい》いたします。

　アナゴの仲間で、日本原産犬のチンに顔が似ていることから名づけられました。よく見ると目と目が離《はな》れているところや、口がへの字になっているところなどがよく似ています。

　するどいキバや毒のような身を守るすべを持たないチンアナゴは、人一倍警戒心が強く、砂の中に巣穴を作り、隠《かく》れることで身を守っています。巣穴は砂がくずれない

ように、表面を自分の体から出す粘液《ねんえき》で固め、空洞《くうどう》状になっています。穴がくずれないので素早く隠れることができるのです。

　ふだんは巣穴から少し顔を出しているだけですが、ふんをするときと、餌《えさ》を食べるときだけは体の半分くらいまで出てきます。チンアナゴの肛門《こうもん》は体の真ん中より上にあるので、体の半分は巣穴に残したまま、危険を感じたときはすぐ巣穴に隠れられる態勢をとっています。

　1日2回の食事時には水槽《すいそう》のチンアナゴがいっせいに巣穴から顔を出し、上から落ちてくる餌のプランクトンを夢中になって食べますが、体全部を出してしまうことはありません。

　私は、これまでチンアナゴが水槽の中を泳ぎ回る姿を見たことがありません。もし見られる機会がありましたら、ご紹介したいと思います。

（2016年10月11日　川尻孝朗＝魚類飼育課）

ラビング（こする）

イルカのラビング。英語の愛「LOVE」ではなく、こするを意味する「RUB」のことです。

おたる水族館でも観察できるこの行動は、なぜ、頻繁《ひんぱん》にくり返されるのでしょうか。実はイルカは体をこすってあかを落としているのです。イルカの皮膚《ひふ》の新陳代謝《しんちんたいしゃ》は驚《きょう》異的《いてき》な早さで進みます。皮膚が生まれ変わり、はがれ落ちる——というサイクルが2時間ごとに行われ、水の抵抗《ていこう》を減らしているのです。さらに、この行動には社会的な意味があり、集団内での信頼関係を築き、強める役割もあります。

こうした行動形態はおたる水族館にいる別の生物でも観察できます。本館2階の水《すい》槽《そう》にいる小さなテッポウエビは触角《しょっかく》が、ネジリンボウというハゼの仲間に触《ふ》れていま

体をこすり合わせ、あかを落としているイルカ

す。

テッポウエビはあまり視力が良くなく、敵を視覚で確認しにくいのです。そこで触角をネジリンボウの体に触れさせることで、敵が近づいたときにネジリンボウの動きから、危険を察知《さっち》できるのです。つまりネジリンボウは身の危険を知らせる見張り役。その代わりにテッポウエビが作る巣穴を隠《かく》れ家《が》として利用させてもらいます。

体をすり合うというささいに見える行動ですが、命がけで暮らしている野生動物にとっては、とても大事な意味があります。ことわざにも「袖《そで》触れ合うも他生《たしょう》の縁《えん》」とあるように、すり合う程度の関わりに思えても、そこには実は深い縁がある。人間を含めたすべての生き物に共通することなのかもしれませんね。

（２０１８年１月16日　三宅教平＝海獣飼育課）

ミニ解説

イルカの歯は、人のように物をかみ砕《くだ》くための歯ではなく、捕《つか》まえた獲物《えもの》が逃《に》げにくくするため、すべてとがっている。また、口が開いていても、呼吸するのは鼻からだけ。

オオサンショウウオ

こちらを
ジロッとにらむ
おおちゃん

「おはようございます！」と最初にあいさつするのは、上司ではなくオオサンショウウオ。仕事で行き詰《づ》まった時に会いに行くのもやっぱりオオサンショウウオです。

ちょっと受け口で行動派の「おおちゃん」と、いつも隅《すみ》っこにいてまだら模様の「斑《まだら》ちゃん」は私のお気に入りです。

落ち込《こ》んだときにじーっと見ていると「ガンバレ！」ではなく、小さくて真ん丸な目でこちらをにらみ「何見てんねん！」と、なぜか関西弁をしゃべっている気がして、それがおかしくって自然と元気が出ちゃいます。

しかも、呼吸する前に鼻からブクブクと空気を吐《は》いて笑わせてくれる。そのブクブクを見たくて呼吸する間隔《かんかく》を計ることにし

まだら模様の斑ちゃん

ました。仕事中はできないので、閉館してからジュースとおやつを持っての観察です。その結果、平均で27分42秒。意外と長いんだなぁと感心しました。

突然《とつぜん》ですが、オオサンショウウオのにおいをかいだことがありますか？　オオサンショウウオは、サンショウの葉のにおいに似ていることから名づけられたという説がありますが、はっきりいって臭《くさ》いです！　体重測定のために水から上げると、体表から粘液《ねんえき》を出して身を守るのですが、粘液は苦い感じ？の刺激臭《しげきしゅう》で、いつまでも鼻の奥《おく》に残るような例えようのないにおいです。

かわいいオオサンショウウオがこんな強《きょう》烈《れつ》なにおいだなんて少し残念ですが、私にとって元気のもとであることは間違《まちが》いありません。

ご来館の際はオオサンショウウオの水槽《すいそう》に立ち寄って「鼻からブクブク」をぜひご覧ください。

（2011年11月8日　村上小百合＝営業課）

「斑」は2013年12月5日、その生涯《しょうがい》を閉じました。

自然界からの大使《たいし》

セイウチのウチオ

おたる水族館一の新参者《しんざんもの》である私は、少々手荒《てあら》い歓迎《かんげい》を受けました。セイウチの「ウチオ」からです。

毎朝あいさつに行く私に対して、「ん？見かけない顔だな」とでもいうような、いぶかしげな目つきでにらみ、さらに「キーン、キーン」という独特の警戒音《けいかいおん》を発するウチオですが、ある朝の給餌《きゅうじ》時に飼育担当者とともに獣舎《じゅうしゃ》内に入った私に彼《かれ》は一気に近づいてきました。

「これはまずい！」と感じたときには、巨大《きょだい》なウチオの鼻は私の腹部へぴったりと付いていて、足先までなめるようににおいをかがれていました。離《はな》れてはかがれ、かがれては離れることを数度くり返した彼の目つきがきつくなったと感じた直後、私の体は数十センチ後ろの壁《かべ》に飛ばされていま

ウチオたちが飼育されているおたる水族館の海獣公園

した。

　そうです！　私は彼から一撃《いちげき》をもらったのです。セイウチは非常に繊細《せんさい》で敏感《びんかん》な動物です。そのウチオが私を気に入らない存在として意識してくれたことはとても光栄なこと。1トン以上もある自然界からの偉《い》大《だい》な大使であるセイウチから、嫌《いや》なヤツと認識してもらったわけですから！

　水族館で生活するセイウチをはじめすべての飼育生物は、自然下で力強く生き抜《ぬ》いている野生動物です。環境《かんきょう》が保全されていてこそ野生動物は生きていくことができます。地球上のあらゆる生き物が生きていける環境を知るきっかけや気づきを、雄大《ゆうだい》な自然に恵《めぐ》まれたここ、おたる水族館からさらに発信していきたいと思っています。

（2013年5月14日　伊勢伸哉＝飼育部）

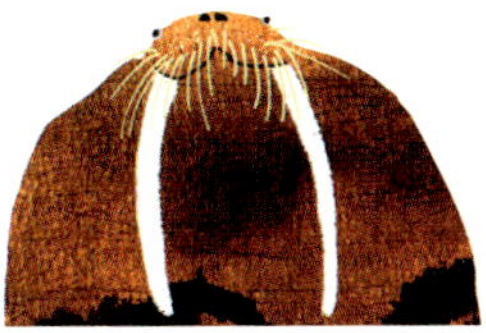

ミニ解説

海獣《かいじゅう》公園の夏は穏《おだ》やかな海にカモメが浮《う》かび、ヨットや釣《つ》りを楽しむボートなども見られ、素晴らしい景色が広がる。しかし、冬になると荒々《あらあら》しい日本海へと変ぼう。想像を絶する大きな波が襲《おそ》ってくる。

オタリア

とびらを開けようとしている「すず」

「起立、礼、着席」――。朝のあいさつでオタリアの小（ショー）学校の始まりです。

いつも一生懸命《いっしょうけんめい》な「さゆり」、とても頑《がん》固《こ》な「とも」、元気な半面、落ち着きのない「はな」の3頭が楽しい授業風景を演じます。

姉の「はな」（左）と妹の「すず」

人間と同様、顔かたちや性格も似ています

水族館には、ショーデビューに向け練習中の「なな」「ゆめ」「すず」と合わせ、計6頭のオタリアがいます。

　このうち、「はな」と「すず」は顔や体形、性格まで似ています。実はこの2頭、姉妹なのです。人間の兄弟姉妹はどこか似るものですが、オタリアも同じのようです。そんなオタリアたちの裏話を一つ紹介《しょうかい》します。

　ある日の夕方、飼育舎からカチャン、カチャンと妙《みょう》な音が聞こえてきました。のぞいてみると、いたずら好きの「すず」が立ち上がって、自分でケージのとびらを開けようと奮闘《ふんとう》しています。犬や猫が部屋のドアを自分で開けるという話は聞きますが、「まさかオタリアが！」と驚《おどろ》きました。

　そしておよそ5分後、とびらを開けるのに成功した「すず」は、自分のとびらだけでは飽《あ》きたらず、「はな」や「ゆめ」のとびらまで開けてしまいました。その後、疲《つか》れ果てたのか、「すず」はそのまま寝《ね》てしまい、最後は3頭で添《そ》い寝していました。

　こんなことをするオタリアたちは、とても愛くるしい存在です。

　もちろん、飼育係がいなくなる夜間は、とびらは開かないようにしてあることを付け加えておきます。

（2009年7月7日　村上順二＝海獣飼育課）

大《おお》型《がた》のサメとエイ

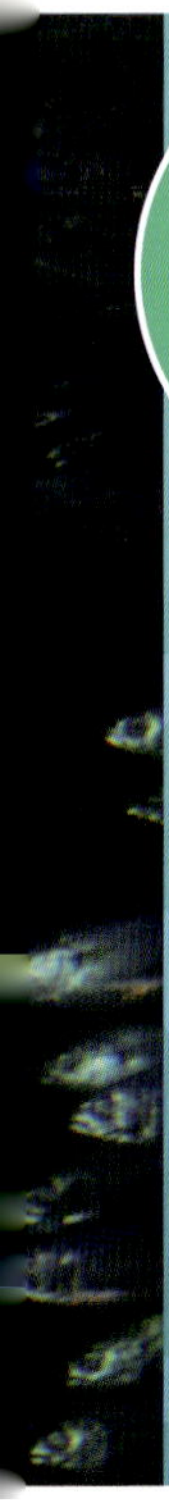

最大で3メートルになるクロヘリメジロザメ

シノノメサカタザメとのツーショット

海のパノラマ回遊水槽《かいゆうすいそう》とよばれる、大型のサメ・エイ類を飼育展示している大水槽があります。水槽が大きく、掃除《そうじ》も簡単ではありません。

そのため飼育係は「潜水士《せんすいし》」という資格を持っており、定期的に潜水して掃除します。長い時では3時間以上も潜水掃除することもあります。

大水槽を潜水すると、頭上をエイやサメが当然のごとく泳ぎまわり、ガラス越《ご》しに見る生き物とは違《ちが》った、まるで海の中にいるような臨場感《りんじょうかん》を味わうことができるのも飼育係の仕事ならではかもしれません。

とはいっても、目的は水槽掃除です。ある日、いつものように潜水で水槽の床《ゆか》をうつぶせの体勢で、スポンジを使いごしごし掃除していると、かかとに何か触《ふ》れたよう

な感覚がありました。

掃除中、サメやエイに接触《せっしょく》することはよくあるのであまり気にしませんでした。しかしまた同じところに何かが触れました。そのまま気にせず掃除を続けていたそのとき、手でかかとを軽くつかまれたような感覚があり、あわてて後ろをふり返ると、なんとシノノメサカタザメが私のかかとをかじっていました。とてもおなかがすいていたのか、足が魚に見えたのかはわかりませんが、その瞬間目が合い、イタズラな顔をしてニヤッと笑っているような気がしました。

（2011年5月24日　中谷高広＝魚類飼育課）

●●●

シノノメサカタザメは2012年2月5日、その生涯《しょうがい》を閉じました。

オタリアの「王子」

雄々しく育った
現在の王子

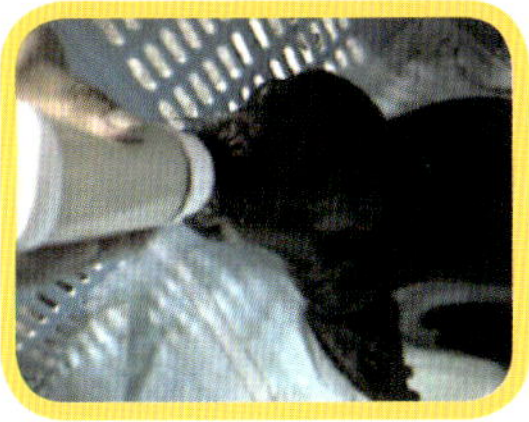

人工哺育され
ミルクを飲む王子

おたる水族館の海獣《かいじゅう》公園には、「王子」と呼ばれるオタリアのオスがいます。

2001年6月29日に、オタリアショーの元花形スター「ノリコ」から生まれました。なぜ王子と呼ばれるようになったのか？

彼が生まれたとき、ノリコの母乳が出なかったため、人工《じんこう》哺育《ほいく》されることになりました。これまで日本にはオタリアの人工保育の成功例がなく、手探りの状態で始めなければなりませんでした。

6人の飼育係でチームを組み、日中は4人、夜間は2人で寝《ね》ずの哺育作業が2カ月近く続きました。

その間、成長と栄養のバランスが取れず、低血糖症《ていけっとうしょう》によるけいれんや消化不良による下痢《げり》・嘔吐《おうと》など、何度も生死の境をさまよい、そして生き抜《ぬ》きました。王子は日本で初めて人工哺育に成功したオタリアなのです。

彼は、今でも自分をオタリアだとは思っていないのかもしれません。私たち飼育係がつきっきりで、まるで王子様のように大事に育てたオタリアだからです。

（2009年9月8日　梶征一＝魚類飼育課）

「王子」は2010年10月、釧路《くしろ》市動物園へ移りました。

ミニ解説

オタリアは夜寝るとき、プールから上がり陸上で寝ることが多い。

共生《きょうせい》という「きずな」

イソギンチャクと
共生する
カクレクマノミ

米国のアニメ映画「ファインディング・ニモ」はみなさんもよくご存じでしょう。海の生き物がキャラクターとなり、親子や仲間のきずなをテーマにした作品で、主人公のモデルとなった熱帯魚カクレクマノミは、おたる水族館でも飼育展示しています。

この魚は、子供から大人にいたるまで大人気。「ニモだ！　お母さんニモがいるよ」「本当だねぇ、かわいいねぇ」などといった会話が水槽《すいそう》の前でよく交わされています。

クマノミといえば、イソギンチャクのそばにいる魚としても有名です。イソギンチャクの触手《しょくしゅ》には毒があり、小さな魚なら殺すこともできるほど。クマノミはその毒に耐《た》えられる体のため、イソギンチャクに隠《かく》れることで身を守っています。イソギン

ギンガハゼとニシキテッポウエビ

チャクは、自身の触手を食べるチョウチョウウオ類の魚を、クマノミに追いはらってもらっているのです。

　このような関係を共生といいます。まったく種類の違《ちが》った生き物同士が協力し、過《か》酷《こく》な自然環境《かんきょう》で生きていくのです。イソギンチャクとともに生きるクマノミの愛らしい姿を眺《なが》めていると、なぜか「きずな」という言葉が似合うように思えてきます。

　そのほか、「サンゴ礁《しょう》にいるいきものたち」の水槽では、ギンガハゼとニシキテッポウエビの共生をみることができます。テッポウエビは巣穴を常に修理してハゼの隠《かく》れ家《が》を確保し、ハゼは視力の弱いテッポウエビに代わって天敵を発見し、テッポウエビに知らせて一緒《いっしょ》に巣穴に隠れます。

　水槽越《ご》しに見えるその行動はずっと見ていても飽《あ》きません。水族館の水槽の中では小さな生き物たちによるたくさんのドラマを発見できます。生き物たちを通して学ぶことも数多くあるのです。

（2012年3月6日　中谷高広＝魚類飼育課）

ミニ解説

おたる水族館では、現在約60種類1000個体近くの熱帯海水魚を飼育展示している。暖かな海に生息している魚が厳寒地《げんかんち》で飼育ができるのは、館内には海水を温める機械があり、熱帯の海水温を常にキープできるから。

オタリア「とも」引退

引退後も
毎日元気に運動を
続けている「とも」

オタリアの「とも」（メス）がショーを引退してから3カ月がたちました。「とも」はイルカスタジアムのショーで20年以上活躍してきましたが、年齢《ねんれい》や体力を考慮《こうりょ》して今年の6月1日に引退しました。現在も運動を兼《か》ねたトレーニングは毎日、元気に続けています。

私は4月から働き始めた新人トレーナーで、ともは大先輩《だいせんぱい》になります。私がオタリアのトレーニングを行うようになって、最初に練習に付き合ってくれたのがともでした。新人の私はトレーニング中、緊張《きんちょう》してつい硬《かた》くなってしまうのですが、ともとの場合は違《ちが》いました。

ともの、ふとした表情やしぐさに自然と笑顔になり、緊張が解けてあせらず落ち着いて臨《のぞ》むことができるのです。私はトレー

「とも」の愛くるしい表情が今も私を笑顔にしてくれます

ナーとして、ともにトレーニングが楽しいと感じてもらえるように心がけなければならないのですが、私の方がともに楽しませてもらっているような感覚でした。

また、とものおたけびは誰《だれ》よりも迫力《はくりょく》があり、ショーで披露《ひろう》していたシンバルも力強く「パワフルばあちゃん」といった感じが、とてもいとしいのです。

そんなとものショー引退が決まり、引退式を行ったときには多くの方々にお越《こ》しいただき、ともがこんなにも愛されていると知って感動しました。短い間でしたが、ともと一緒にショーに出られてよかったです。

これからのとものトレーニングは、ともに健康で長生きしてもらい、楽しい生活を送ってもらうのが目的。ショーの間に1日3回ほど行っています。イルカスタジアムにお越しの際には、トレーニング中のともに会えるかもしれません。いつも顔の右側に出ているチャームポイントの舌も健在ですよ。

（2014年9月30日　浜夏樹＝海獣飼育課）

●●●

「とも」は2015年8月26日、29歳《さい》でその生涯《しょうがい》を閉じました。

第5章

水族館の舞台裏

生き物たちと餌《えさ》

ウチオの食事風景

突然ですが問題です。「1年間の使用量230トン」。これはいったい、何の量でしょう？　正解は……、餌の量です！　当館は250種5千点の生き物を飼育しており、大量の餌を使用します。種類もホッケ、サバ、イカ、エビ、ホタテなどの魚介類《ぎょかいるい》、ラムやささみなどの肉類、配合飼料《しりょう》などさまざまです。

今回は、それらの餌をたくさん食べている生き物をご紹介します。飼育している生き物の中で食べる量ナンバーワンはセイウチのウチオ。多い時で、1日になんと40キロも魚を食べています。とても多く感じますが、ウチオの体重は1300キロもありますので、体重に対して3％くらいです。

同じように体重に対して考えると、大食漢ナンバーワンは基礎代謝の高いコツメカ

餌を満載した、おたる水族館のトラック

ワウソのカオルです。肉類を1日380グラム食べていますが、体重3・7キロなので約10％に当たります。体重60キロの成人男性に例えると、コンビニのおにぎり（100グラム）を60個も食べる計算です。とてつもなく多い量に感じますが、これは生き物が生きるために必要としているエネルギーを摂取《せっしゅ》した結果なのです。

　ここで決して忘れてはいけないのは、餌も、もともとは生き物だということ。命を育むために命をいただいているのです。ですから、決して餌を無駄《むだ》にできません。

　これは、私たち人間の食事でもいえることですよね。水族館で餌を食べている生物たちをご覧いただくことで、毎日の食事で自分は、どんな命をいただいて生きているのか、今一度考えるきっかけになれば、うれしく思います。

（2015年5月12日　高橋徹＝海獣飼育課）

トド、アザラシ爆《ばく》食《しょく》

餌に向かって飛びつくアザラシたち

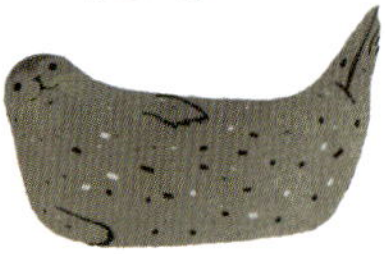

「バッシャーン」「ザザザーン」「ガオォー」。海獣《かいじゅう》公園ではこんな音がますます威力《いりょく》を増して聞こえてきます。

この音は、トドやアザラシが飼育プールに投げ入れられた餌《えさ》に飛びつくときの水しぶきの音や、まるで「こんなんじゃ全然足りない」と言っているような鳴き声なのです。

北の海にすむトドやアザラシなどの海獣は、秋から冬にかけて食欲が爆発《ばくはつ》します。なぜこの時期にたくさん食べるのでしょうか?

それには、ちゃんとした理由があります。海が凍《こお》るほど極寒の世界で暮らすトドやアザラシの体は、ぶ厚い皮下脂肪《ひかしぼう》で覆《おお》われており、そのおかげで寒さに耐《た》えることができるのです。そのため、秋は寒くなる冬に向けてたくさん食べて、脂肪を蓄《たくわ》えなければ

餌はホッケやタラ、サバ、ニシン、アジなどを与えている

ばならないのです。

しかし、いくら食べるからといって餌の与えすぎは禁物《きんもつ》です。飼育の世界でも腹八分目は鉄則《てっそく》。野生では毎日腹いっぱい魚を食べ続けることなどありません。太りすぎは体によくありませんし、餌を残したときも満腹《まんぷく》だから食べないのか、体調が悪くて食べないのか判断しにくくなります。結果として動物が不幸になることにつながりかねません。自然の流れを手本にした給《きゅう》餌《じ》の管理が必要なのです。

とはいったものの、体重が1トンにもなるトドは1頭で1日80キロもの餌をペロリと平らげます。大人のオスのアザラシを13頭飼育しているプールでは、準備した100キロほどの餌をあっという間に完食してしまうほどの食べっぷりです。これから冬に向けて海獣公園のトドやアザラシプールでは、まだまださわがしい日々が続きそうです。

（2014年10月14日　川本守＝海獣飼育課）

トドやアザラシの数はその時々で変動しています。

ミニ解説

アザラシやイルカ、トドはかまずに丸飲みする。素早く泳ぐ魚をたくさん効率良く食べるには、確実に捕《つか》まえて、すばやく飲み込む食べ方が効果的だからだ。

ありえない！海獣《かいじゅう》公園

自然の海を利用してつくられている海獣公園のプール（手前）

おたる水族館の本館を出ると、がけの下にトドやアザラシを飼育する広場「海獣公園」があります。

アザラシプールは自然の海を利用しており、常に外海《がいかい》から海水が出入りしています。アザラシたちのふんが栄養となるためか、海獣公園の防波堤《ぼうはてい》周辺は、ほかよりも豊かに海藻《かいそう》がしげっています。小さな魚がたくさん、その海藻をすみかにしていて、海とプールを自由に行き来します。空にはそんな魚を餌《えさ》とするカモメなどの鳥が飛びかい、プールの底にはアサリやナマコ、ヒトデなどがいてプールをきれいに保ってくれています。

そう、海獣公園には自然と見事に調和した生態系があるのです。

驚《おどろ》くのはそれだけではありません。冬は

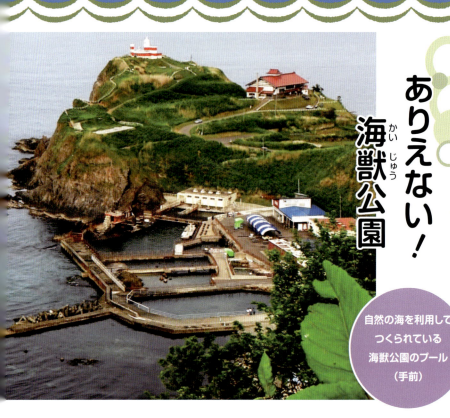

防波堤の上でのんびりする野生のトド

海岸で野生のアザラシやトドが気持ちよさそうに昼寝《ひるね》し、空を見上げると天然記念物オジロワシ。初夏には２００頭ものカマイルカが目の前の海を来遊《らいゆう》します……。

あ・り・え・な・い！

　こんなにも豊かな自然に囲まれた水族館がほかにあるでしょうか？　いや、見たことも聞いたこともありません。こんな水族館があることを知れば、世《せ》界遺産《かいいさん》・知床《しれとこ》もビックリするに違《ちが》いありません！

　――というのが、海獣公園で仕事をしている私の率直な思いです。大自然に囲まれた、世界に誇《ほこ》れる水族館がここ小樽にあります。水族館にお越《こ》しの際は、海獣公園で生き物の魅力《みりょく》、自然の魅力を肌《はだ》で感じてみてください。そして、いつの日か海獣公園が世界遺産に登録されないか、そんな夢を抱《いだ》いています。

（２０１０年４月６日　神前和人＝海獣飼育課）

ミニ解説

海獣公園の海岸では野生のゴマフアザラシやトドが岩に上がっている姿を見られることもある。

冬のお楽しみ

日本海側の冬は寒さも厳しく雪もたくさん降ります。おたる水族館の周辺も例外ではなく、私たちも毎日積もる雪に体力を奪われる季節となります。

10年ほど前までは毎年11月に入ると閉館して、水槽《すいそう》の大掃除《おおそうじ》や大がかりな工事などをしつつ、次のシーズンに向けて展示の模様がえや新たなショーの訓練などを行っていました。水族館の冬ごもり、ですね。

冬が大好きなペンギンたちの屋外散歩。かわいい行列をお楽しみに！

それが、最近はわりと雪の少ない年が多くなってきました（「地球温暖化」と関係あるのかどうかは分かりませんが）。そこで……というわけではありませんが、とにかく、今年からおたる水族館は冬もしっかりオープンすることになりました。

本館とイルカスタジアムはこれまでどおりご覧いただけます。ただ、「冬の荒波《あらなみ》日本海」に面した海獣《かいじゅう》公園は、９メートルのダイビング台を飲み込《こ》むほどの高波が押《お》し寄せることがあるので、さすがにご覧いただくのは厳しく、閉鎖《へいさ》します。代わりに今年生まれたゴマフアザラシ４頭が本館に引っ越《こ》ししてきて、みなさんをお出迎《でむか》えします。

また、ペンギンたちは屋外《おくがい》を、ペリカンたちは館内を散歩する計画です。そのほかにもさまざまなイベントや冬限定の魚の展示も行う予定です。

今年は、冬もおたる水族館から目が離《はな》せませんよ！

（２０１１年12月６日　古賀崇＝施設課）

●●●

現在は冬期間の本館内でのゴマフアザラシの展示を変更し、イルカスタジアム前の「凍《こお》るど！プール」で飼育展示しています。

ミニ解説

おたる水族館の本館と海獣公園の高低差は約30メートル。坂の傾斜《けいしゃ》は約22%もある。

たくましい生命《いのち》これからも

とくしま動物園から借りて展示したカピバラ

餌やりが子供たちに人気だった

昨夏、四国のとくしま動物園（徳島県）から借りた3頭のカピバラを展示しました。実は、一番大きなカピバラは小樽に到着後に体調を崩し、餌《えさ》をまったく口にしませんでした。

徳島にお願いに出向いたのが私で、当館にはカピバラの飼育経験者がいないため、人任せにできませんでした。カピバラに寄り添《そ》い、餌もいろいろとかえながら、懸命《けんめい》に介護《かいご》したところ、4日後には餌を食べてくれるようになりました。

その後は順調に健康を取り戻《もど》し、やがて他の2頭ともども、飼育員の手にゆだね、連日大勢のお客さまに喜んで見ていただきました。

寝《ね》ている時間が多いイメージに反して、この3頭のカピバラは活動的でした。そし

１月４日に
ふ化したばかりの
サケの稚魚と、
観察する子供

て、プールに入ってふんをすること、餌は高級な野菜よりも土手にたくさん生えている青草を好むこと、かけ出すと結構速いことなどなど、短い期間に多くのことを教わり、お客さまだけでなく私も楽しませてもらいました。

また、昨秋には思いがけずジンベイザメを飼育することができました。短期間の飼育で終わりましたが、おたる水族館の飼育の歴史に新しい１ページを刻むことができ、うれしく思っております。

（２０１３年１月15日　小田誠＝館長）

カピバラ脱走《だっそう》、その後《ご》

脱走中！
カピバラ速い速い！

「バキッ！」「マジかーっ!!」——。木さくが粉々に壊《こわ》れる音とともに職員のさけび声が夕暮れの展望園地にひびきわたりました。7月3日夕方、とくしま動物園からやってきたばかりのカピバラ2頭が輸送ケージのとびらを開けたとたん走り出し、さくを壊して脱走《だっそう》したのです。

名前は出身地徳島《とくしま》にちなんで、それぞれ「なると」と「あわ」。脱走後、あわはすぐに捕《つか》まりましたが、なるとは園地横の山に逃《に》げ込《こ》んでしまいました。職員総出で捜索《そうさく》が始まりました。

10分後、「いたぞーっ！」「どこよ？どこにいた？」「海獣《かいじゅう》公園のしげみにいた！」「何っ、あの急坂降りたのか？」「そんなこといいからタモ網《あみ》持って来い！」「そっと近づけ！」「反対側に回り込め！」

とくしま動物園からやってきたカピバラ

現在は環境にも慣れ、大好きなプールに潜って遊ぶ姿も

大捕物《おおとりもの》の末、飼育場所に戻りました。私は立場上、カピバラたちの打撲《だぼく》やねんざを心配していましたが、軽い外傷で済み、胸をなで下ろしました。こんな感じで最初から大波乱。案《あん》の定《じょう》、警戒心《けいかいしん》が強くなってしまい、なかなか心を開きませんでした。それでもみんなであれやこれやと飼育方法を工夫し、徐々に信頼関係を築いていきました。

そのかいあって、今では餌《えさ》を持って入るとすぐ近づいてくるようになり、最初はなかなか飼育小屋から出てこなかったのが今では屋外《おくがい》で過ごす時間の方が長くなりました。のんびり芝生《しばふ》を食べたりプールに潜《もぐ》ったり、小鳥のさえずりのような独特の鳴き声で2頭でコミュニケーションをとったり……。

ぜひお客さまにも彼《かれ》らを見て癒《いや》されていただきたいと思います。半面、単にかわいらしいだけではなく、いざというときは(生き抜《ぬ》くために必要な)想像を超《こ》えた力も出せるたくましさもあわせ持っていることをお伝えしていきたいです。

(2013年8月6日　角川雅俊=海獣飼育課)

待《ま》ってました 冬《ふゆ》到来《とうらい》

セイウチのウチオが雪をかき分けて歩く姿は圧巻

冬季営業では、残念ながら海獣《かいじゅう》公園は一般《いっぱん》公開していません。しかし、寒い地域にすむ海獣たちにとって、冬こそが本領を発揮《はっき》する季節なのです。

気温が氷点下10度、水温2度で寒風吹《ふ》きすさぶ中、気持ちよさそうに昼寝《ひるね》するアザラシや、氷が浮《う》いたプールをへっちゃらでスイスイと泳ぐトド。与《あた》えている最中に凍《こお》り始め、シャーベット状になっている魚をおいしそうに食べるセイウチ。

「ピュルルルゥ〜」という音の正体はアゴヒゲアザラシの求愛音で、まるで鼻歌を歌っているようです。冬の海獣公園は動物たちにとって、まさしく楽園です。

一方、飼育スタッフの苦労は尽《つ》きません。日本海に面した海獣公園は、海風が強く降雪量も多くて、一晩に数十センチ積もるこ

ちょっと臆病な性格のアゴヒゲアザラシ

とも。トドやアザラシをトレーニングするため、雪かきに2時間以上かけることもたびたびあります。

　また、冬は海獣たちに寒さを乗り越《こ》える脂肪《しぼう》をつけさせるため、餌《えさ》の量は夏よりも多く、1日700キロにもなります。これをそりに載《の》せて運ぶだけでも大変です。

　冬の海獣公園では、動物も飼育員もたくましく生き生きとしています。

（2013年11月26日　川本守＝海獣飼育課）

●●●

　2014年から「海獣公園冬のガイドツアー」を始めました。特定の期間のみですが、冬でもたくましい動物たちをご覧いただいています。

ミニ解説

海獣公園が面した日本海には、春から夏にかけてイルカの群《む》れが回遊《かいゆう》することがある。秋には海と空の対比が素晴らしく、冬は荒々《あらあら》しい波が押《お》し寄せる。

にぎわう海獣《かいじゅう》公園の磯《いそ》

海獣公園内の磯で磯遊びを楽しむ人々

水族館といえば、まず何を想像しますか？ 水族館には多くの水槽《すいそう》やプールがあり、そこでさまざまな生き物を見ることができますよね。おたる水族館にももちろん水槽やプールがありますが、さらに海獣公園にはほかに類を見ない自慢《じまん》の場所があるんです。太陽の日差しが照りつける夏の時期、その場所は多くの人々でにぎわっています。なんと海獣公園には海があるんです！

水族館なのだから当たり前だと思われるかもしれませんが、施設《しせつ》内に自然の海がある水族館はそう多くはなく、これが海獣公園の魅力の一つなんです。この海で泳ぐことはできませんが、磯遊びでしたら誰《だれ》もが楽しめます。夏になると多くの方が自然の磯を楽しむ光景を目にします。ここで飼育

カニ採集に夢中な飼育員

員として気になるのが「どんな生き物が見られるのか」です。

　磯遊びを楽しむ方々からは「カニだ！　捕《つか》まえろ！」という声をよく耳にします。どうやらカニが人気のようです。少し大きめの岩をひっくり返すと足早に逃《に》げるカニたち。どうしても捕まえたくなってしまいます。特に子供たちは必死になって探しています。甲《こう》殻類《かくるい》マニアの私には、子供たちのこの気持ちがとってもよく分かります。カニを見つけるとつい夢中になってしまいます。

　海獣公園で磯遊びを楽しむ方々に交じってカニ採集をしている飼育員がいたら、それは私です。カニのことでしたら何でも聞きに来てください。

（２０１４年８月26日　加藤健司＝海獣飼育課）

ミニ解説

名前がわかっているカニだけでも7千種類もいる。

遊《ゆう》園《えん》地《ち》で笑《え》顔《がお》の係員さん

おたる水族館に着くと、隣《となり》にある色あざやかな観覧車が目に飛び込《こ》みます。子供のころ、これが目に入ると、とてもワクワクしたのを覚えています。

水族館に併設《へいせつ》された遊園地「祝津《しゅくつ》マリンランド」は1982年の開園以来、人気の施設《しせつ》で、今年7月で35周年を迎えます。現在は10種類の大型遊具をはじめ、大人から子供まで楽しめるアトラクションが充実《じゅうじつ》しています。

遊園地を運営する仕事はさまざまです。遊具を運行するほか、水族館の本館から海獣《かいじゅう》公園の坂道区間で電動カートを運転することもあります。

以前、「いやぁ、ご高齢《こうれい》のお

遊具に乗って楽しむ子供と、ほほ笑みながら見守る係員さん

客さまから『海獣公園に行くには坂道が大変そうだからあきらめていたんだけど、見に行けてとても楽しかった。本当にありがとう』って感謝されちゃったよ。カートの運転はとても良いと思ったよ」と笑顔で話す係員さんの姿が、とても誇《ほこ》らしげでした。

また、遊具を見て瞳《ひとみ》を輝《かがや》かせている女の子に係員さんが歩み寄り、ニッコリと優しい笑顔でていねいに遊具の説明をしている姿もとても印象的でした。

遊園地にいると、「ここの遊園地、本当になつかしいなぁ」「お父さんも子供のころ、ここでたくさん遊んだよ」などと話しているのをよく耳にします。

係員さんは「たくさんの思い出とともに歩んできた遊園地で働けることがうれしいし、何よりお客さまとのふれあいがとても楽しいですよ」と、日々の仕事について語っています。

これからも水族館とともに笑顔の絶えない楽しい遊園地を目指していきます。

（2017年6月13日　中谷高広＝施設課）

生き物たちの命を守る

暗闇の中に幻想的に浮かび上がる水槽

案内表示や説明パネルも含め、館内の各種照明に電気は欠かせません

おたる水族館には250種、5千個体の魚や海獣《かいじゅう》、クジラの仲間がいます。今回は、これら生き物たちに必要な環境の維持《いじ》についてのお話です。

生き物にはほどよい酸素を含《ふく》む適切な温度の水が欠かせません。水を冷やす冷凍機《れいとうき》のほか、水槽《すいそう》の照明、各種設備にも使われる電気の使用量は、年間220万キロワット時、金額で約3100万円になります。これは一般家庭1千世帯分になります。

一方、水を温めるためのボイラー。計3台の年間重油使用量は400キロリットル、金額で2400万円。一般《いっぱん》家庭270世帯分の燃料代に相当します。

飲み水や清掃《せいそう》などに使う水道水は、年間3万立方メートル、約800万円に上ります。ちなみに海水は年間73万立方メートル

電気制御室で計器類をチェックする職員

ポンプやモーターを安定稼働させるためにも、1日平均3、4回はこうした点検を行います

使用します。

　さまざまなエネルギーで成り立つ水族館。一番恐《おそ》ろしいのは停電です。電気が止まると、機械が停止し、生き物には致命的《ちめいてき》です。

　このため非常用発電機を備えています。2004年秋の台風時には、水族館が14時間にわたって停電しました。この時も非常用発電機を使って事なきを得ました。

　地球温暖化がさけばれる中、おたる水族館では、大切なエネルギーを無駄《むだ》なく活用する工夫を続け、「エコ水族館」とよばれるよう、さまざまな省エネに挑戦《ちょうせん》しようと考えています。

（2009年10月13日　青山守＝魚類飼育課）

文中の「量」や「金額」等は執筆当時のものです。

ミニ解説

水族館に関わる全設備の管理や整備をする施設管理部の職員は、朝の出勤後すぐに館内の各機械の点検を始める。点検箇所は何と300項目以上、時期によっては500項目以上。毎日点検することで、万一の異常にもすぐに気づくことができる。

夜の見回り

水槽内の水温をチェックする夜警員

水族館の夜警員《やけいいん》って、どんな仕事かご存じですか？　閉館して職員が帰った後、施設《しせつ》内で異常がないかどうか確認するのです。夜警の七つ道具ならぬ五つ道具を紹介《しょうかい》しましょう。懐中《かいちゅう》電灯、水温計、筆記用具、20個ある鍵《かぎ》の束。そして何かあったときに職員に連絡するための電話を持って、閉館の少し前から開館前までの勤務で、計5回（時間はナイショ）巡回《じゅんかい》します。

夕方に飼育や施設管理の職員から引き継《つ》ぎを受け、いつもと変わったことがないか確認します。この後は暗く広い水族館の中で一人になります。夜が怖《こわ》いという感覚はありませんが、暗闇《くらやみ》で胴《どう》つき長靴《ながぐつ》（胸まである防水ブーツ）が干してある場所を通るときは、人が立っているのかとビクリとすることもあります。

海獣公園で雪に埋もれた配管を調べるのも夜警員の仕事だ

良いこともあります。夜の館内はとても静かなので、歌を歌うとエコーが効いてヘタな歌でもうまくなった気がします。また、イルカスタジアムへ行くと、イルカ君たちが必ず声をかけてくれます。「何しに来たんだ」なのか「遊んでよ」なのかは分かりませんが、「お疲れさん。また明日がんばれよ」と返事をしてやります。

冬は日暮れが早く夜明けが遅《おそ》いため、夜がとても長く感じます。そしてこの時期は一年の中で一番つらい時期です。北西の風が台風並みに強く、一晩で30〜40センチ雪が積もることもあるのです。ひざまで雪に埋《う》まりながら浜《はま》（海獣《かいじゅう》公園）に行くときは大変です。でも、台風が来ようが吹雪《ふぶき》になろうが、はたまた槍《やり》が降ろうが（まだ見たことはないけど）浜まで行って点検、巡回します。

春になるとアザラシやトドが出産を迎《むか》えます。今までアザラシ3頭、トド1頭の出産を誰《だれ》よりも早く見ることができました。これは夜警の特権だと思います。生命の誕生はいつ見ても神秘的です。

これからも五感を働かせて巡回します。閉館前にカメの水槽近くのトイレ前にいるのが私です。もし見つけたら声をかけてくださいね。

（2015年2月17日　小野春之＝総務課）

フウセンウオのまことくん

かわいい姿が人気の
本物の
フウセンウオ

今回は、私の「イチオシグッズ」をみなさんにご紹介します。その名も「フウセンウオのまことくん」。今年5月から販売《はんばい》を始めたおたる水族館のオリジナルマスコットです。今シーズンの目玉生物の一つをフウセンウオにする——と、社内会議で決まり、すぐに「マスコットを作ろう！」と思いました。

ただかわいいだけではなく、本物の特《とく》徴《ちょう》をとらえ、お客さまが家に帰ってから見るたびに、その生き物の姿が目に浮かぶような商品を目指しました。フウセンウオのぽっちゃりした体型や人を見るときのギョロっとした目、プックリとした唇《くちびる》をどうしたら表現できるか。何度もサンプルを作ってもらっては納得《なっとく》がいくまで修正をくり返し、やっと完成しました。

「フウセンウオのまことくん」。よく似ていて、かわいいでしょ

こうして生まれた「まことくん」は、茶色でふかふか、ふわふわ。手の中にすっぽり入ります。生き物ではありませんが、私にとって大切な、水族館の仲間となりました。

ちなみに「まことくん」という名前、これは当館の館長「小田誠《まこと》」の名前からとりました。自分と同じ名前のせいか、売れ行きを気にしてたびたび館内ショップに出没《しゅつぼつ》します。

（２０１０年10月19日　村上小百合＝営業課）

•••

「小田誠」は執筆当時の館長です。

水族館に就職するには？

「どうすれば水族館で働けますか？」との質問をよくもらいます。そんな方に少しでも参考になればと思い、水族館への就職について紹介《しょうかい》したいと思います。

まず、どんな資格が必要か。潜水士《せんすいし》、学芸員の資格や大学卒業を求人の条件に入れている場合もありますが、絶対に必要な資格はありません。

次に、イルカのトレーナーや魚の飼育員など、具体的な担当を希望している方もいると思いますが、担当を限定して募集《ぼしゅう》するのはまれです。就職後に適性などによって担当が決まります。

私は水族館や動物園の飼育員を目指す人が通う専門学校を卒業しましたが、就職先が見つからず、違《ちが》う仕事につきました。あ

ペンギンのショーに出演中の私です。生き物たちと一緒にいられる喜びを日々、感じています

きらめきれずに母校の先生に相談したところ、実習生を受け入れる道外の水族館が見つかり、そこで1カ月実習をしました。

　実習が終わるころ、その先生から、おたる水族館が1年契約《けいやく》のアルバイトを求めているとの連絡がありました。

　バイト中は、生き物たちと暮らせることがとても楽しく、ずっと生き物と関わる仕事がしたいとの気持ちが強まり、一生懸《いっしょうけん》命《めい》働きました。その結果、神様が私にほほ笑んでくれ、職員として就職することができました。

　中には定期的に飼育員を募集する水族館もありますが、欠員が出たらというのが大半です。水族館で働きたいと思っているみなさん、チャンスはいつ来るか分かりません。狭《せま》き門ですが、夢をあきらめずにがんばってください。

（2011年2月15日　杉本美奈＝海獣飼育課）

「セイウチのお食事タイム」というイベントも担当しています

アザラシの大《だい》引《ひ》っ越《こ》し

クレーン車で
アザラシが入った檻を
つり上げる

海《かい》獣《じゅう》公園には自然の海を仕切ったアザラシ飼育プールがあります。そこは、四季折々変化し、潮《しお》の満ち引きもあり、生いしげる海藻《かいそう》の中をたくさんの魚が泳いでいる、まさしく自然の海です。

そんなアザラシの楽園ともいえるプールにも、冬になると大しけがやってきます。8メートルもの高波が来ると、直径10センチの鉄パイプも簡単に曲がってしまうほどの威力《いりょく》に加え、休む陸場までもが水没《すいぼつ》してしまいます。その中ではさすがのアザラシたちも弱ってしまいます。そこで海獣公園恒例《こうれい》の一大イベント「アザラシの大引っ越し」を行います。

アザラシを移動するにはまず、専用の大きな檻《おり》に入ってもらわなくてはなりません。しかし、泳いでいるアザラシが相手なので

越冬用プールで
餌を求めるアザラシ

長年の経験とチームワークが必要です。

　飼育員総出《そうで》でプールへ入り、横1列や縦2列などの、おたる水族館流の隊列《たいれつ》を駆使《くし》して、アザラシを檻へと誘導《ゆうどう》します。このときほど「アザラシの個性」を感じることはないかもしれません。

　空気を読めるタイプは自ら檻へと入ってくれますが、頑固《がんこ》タイプはなんとしても飼育員の間をすり抜《ぬ》けてプールへ残ろうとするので移動は一苦労です。

　なんとか収容し、いよいよ移動です。檻ごとクレーン車でつり上げてトラックの荷台に乗せて運搬《うんぱん》します。そこでも個性がさまざまです。好奇心旺盛《こうきしんおうせい》タイプはさくに前足をかけ、よじ登るようにあたりを見回します。

　臆病《おくびょう》なタイプは目をふだんよりも真ん丸にして固まってしまいますし、のんき者タイプは何も気にすることなく寝《ね》ています。

約３００メートルの道のりを走り、越冬《えっとう》用プールへと移動します。無事移動を終えたアザラシたちは海が穏《おだ》やかさを取り戻《もど》す来年の３月中旬《ちゅうじゅん》まで越冬用プールでの生活が続きます。

（２０１５年10月27日　川本守＝海獣飼育課）

ミニ解説

おたる水族館のアザラシの担当者《たんとう》はアザラシ全頭の顔を覚えている。

冬じたく

別々に展示している
魚でも、予備水槽では
同じ水温帯ごとに
一緒に過ごすことも

おたる水族館は、毎年冬になるといったん営業を終えて来年の準備期間に入ります。

今年も館内の魚たちや遊園地内の遊具がそれぞれ冬じたくに入りました。

魚たちの場合、水槽内の砂やガラスなどの汚れをとったり、壁《かべ》や岩などを塗り直したりします。

大水槽では、飼育員たちが空気ボンベを背負って水に潜《もぐ》り、作業を行います。これも大仕事ですが、小型の水槽も実は神経を使います。魚たちに、展示室の裏側にある予備水槽に一時引っ越してもらうのです。

引っ越しは、飼育員が胴長《どうなが》を着て水槽に入り、20リットルくらいのバケツや漬け物用の容器で魚たちをすくいます。魚に傷がつかないように、ショックを与えないよう

ゴーカートは
水槽のある展示場に保管。
冬季営業の時はさらに
奥に引っ越します

にそうっとすくい、ゆらさないようにゆっくり運びます。効率よりも魚第一です。

予備水槽が少ないので、別々に展示されていても、同じ水温帯の魚なら5、6種類が一つの予備水槽に同居することもあります。こうして元の水槽の清掃、整備が終わるまで順番に一週間くらいずつ暮らしてもらいます。

遊園地の遊具は、ゴーカートやボートなどは館内に移し、観覧車など大型遊具は専用シートを掛《か》けて冬ごもり。来春の営業に向けて整備、塗《と》装《そう》、点検を行います。

毎年「雪あかりの路《みち》」に合わせての冬季営業があります。それまでに水槽をきれいにして、魚たちの元気な姿をお見せしたいと思っています。

（2008年12月2日　徳山航＝魚類飼育課）

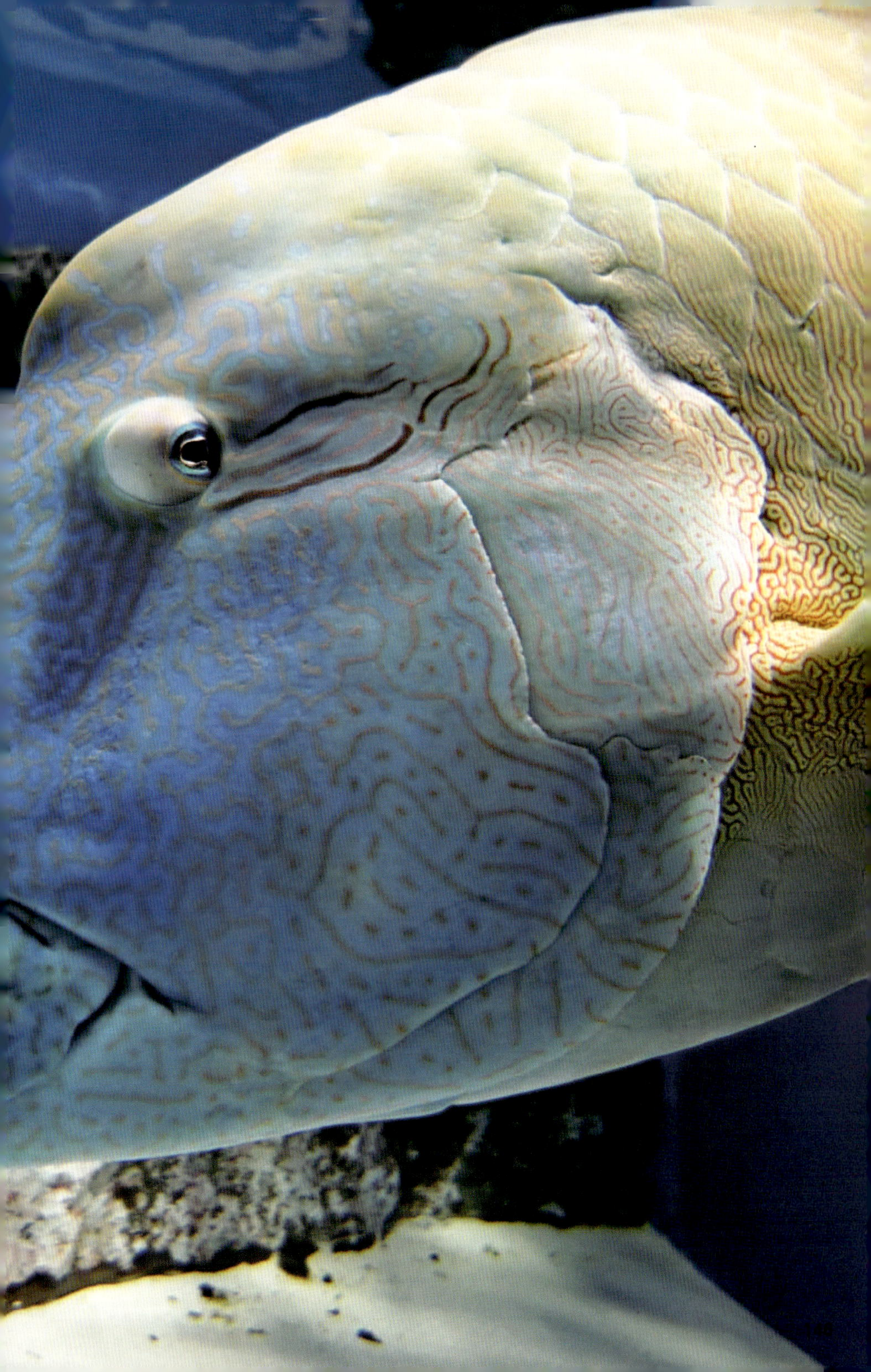

第6章

生き物の不思議 3

ウーパールーパーブーム再び!?

大きな口と頭部に突き出たえらが特徴のアホロートル

おたる水族館にはたくさんの生き物がいますが、「メキシコトラフサンショウウオ」をご存じでしょうか。またの名を「アホロートル」といいます。この名前を聞いてもピンとくる人は少ないかもしれませんね。でも「ウーパールーパー」といえば、大人も子供も多くの人が知っているのではないでしょうか。

25年ほど前、テレビのCMに登場して一《いち》躍《やく》全国に大ブームを巻き起こしたかわいらしい生き物で、そのときのキャラクターのウーパールーパーという愛称《あいしょう》がそのまま定着したようです。大きな口と頭部の両側に突き出た3対のえら「外鰓《がいさい》」が特徴で、愛《あい》嬌《きょう》たっぷりな姿です。

アホロートルはサンショウウオの仲間ですが、「幼形成熟《ようけいせいじゅく》」という特徴《とくちょう》をもってい

水槽から
こちらを見つめるなど
しぐさもユーモラス

ます。一般的《いっぱんてき》なサンショウウオの成長過程《かてい》は、卵で生まれ、えらで呼吸し、手足ができ、やがてえらがなくなり、肺と皮膚《ひふ》で呼吸をして陸上で生活するようになります。

アホロートルは生息地の水温が低いので変態するための刺激《しげき》が少なく、手足ができた後もえらはなくならずに幼生の姿のまま成熟します。つまりアホロートルは一生陸には上がらずに水中で生活をします。

おたる水族館のアホロートルたちは、水の中でじっとしていることが多いのですが、餌《えさ》を食べるときはふだんでは考えられないような勢いで食らいついてくる一面もあります。時折立ち上がっておかしなポーズのまま水槽《すいそう》の中からこちらを見ていたり、お客さまに背を向けて壁《かべ》に手をついていたり、とてもユーモラスで魅力的《みりょくてき》なしぐさも見せてくれます。

今はひっそりと小さな水槽で暮らしていますが、いつか第2次ウーパールーパーブームを、ここ小樽から発信できればと思います。

（2012年4月24日　佐藤友美＝魚類飼育課）

カジカの子育て奮闘記《ふんとうき》

卵を守る
ヨコスジカジカ

水族館のある展示水槽《すいそう》でヨコスジカジカが産卵しました。

産卵直前にはオスがメスに対して体をふるわせる求愛《きゅうあい》行動をしていたのですが、それほど猛烈《もうれつ》なアピールという感じでもなかっただけに、予想外の産卵に心が躍《おど》りました。

さらに透明感《とうめいかん》のある、いかにもおいしそうな、いや違《ちが》った、美しい芸術作品のような紫色《むらさきいろ》の卵たちにも感動しました。

カジカたちにとっては、この日から気の抜《ぬ》けない子育てが始まりました。大食漢《たいしょくかん》のホッケが一緒《いっしょ》の水槽《すいそう》に飼育されていたからです。

最初はお母さんが卵に寄り添《そ》い、卵を狙《ねら》うホッケが近づくと果敢《かかん》に追いはらう行動をくり返していました。数日後、違《ちが》う個体

ホッケに卵を奪われたお父さんカジカ（右）と怒るお母さんカジカ（左）

が卵を守っています。よくよく見るとお父さんカジカ！　これまで繁殖《はんしょく》した魚を見ると、ホッケにしてもフウセンウオにしてもお父さんしか卵のお世話をしません。しかし、ヨコスジカジカは夫婦で順番に子育て。なんともほほ笑ましく見ていたのですが……。このお父さん、エサの時間になるとホッケを追いはらうタイミングが遅《おそ》く、卵を守るよりも自分の食事にもう夢中。数時間後、卵はキレイさっぱりなくなっていました。

ガーンとショックを受けつつ水槽をよく見ると、意気消沈《いきしょうちん》しているはずのお母さんがお父さんをにらみつけていて……。その後数日間、お父さんはさっきまで卵があった場所をけなげにも守っていたのでした。

今回は失敗かもしれませんが、長い目で見ればこの経験は次につながるはず、と心の中でお父さんを応援《おうえん》しつつ、あらためて自然の厳しさを感じたのでした。

（2012年2月21日　三宅教平＝魚類飼育課）

ミニ解説

北海道でカジカといえば鍋《なべ》のイメージだが、カジカの仲間はとても多様性に富んでいて世界中に約400種、北極海や水深2600メートルの深海にも生息している。

泳ぎが苦手 フウセンウオ

生まれたときから
おなかに吸盤を持つ
フウセンウオの幼魚

泳ぎが苦手！　そんな魚らしからぬ特徴《とくちょう》を持つのが北の海に生息する「フウセンウオ」です。きれいな体色、真ん丸な体形、つぶらな瞳《ひとみ》で、水槽《すいそう》前では「かわいい！」という声がたくさん聞こえます。この第一印象は北の魚ではめずらしく、ホッケを見たときのように「おいしそう」という反応が一般的なのです。

たとえば、かわいいオレンジや赤などの体色。人の豊かな感性がそう受け止めるのであり、自然界の生き物にとって重要ではありません。自然界では真っ赤なホヤにまぎれることで保護色になり、身を守ることが大事なのです。

かわいい体形にも人間の印象とは別の意味があります。フウセンウオは巻き貝などの殻《から》の奥《おく》にメスが産卵した後、オスが卵を

守ります。貝殻の入り口に真ん丸な体をすっぽり収めることで、ふたをする格好《かっこう》となり、敵に卵を食べられるのを防ぎます。

　フウセンウオの繁殖《はんしょく》に国内で初めて成功したときに驚いたのは、生まれたときからおなかに吸盤《きゅうばん》があること。ふつう、ふ化直後の魚は泳ぐ能力が低く、海流に流されて敵に食べられることがあります。しかし、フウセンウオは吸盤で岩などに張り付くことで流されないのです。成長しても、他の魚とは違《ちが》って遊泳力は高まらず、吸盤でしがみついて海流などに耐《た》えています。

　簡単には流されない。ほかの魚が流されても自分は納得《なっとく》のいく生き方をつらぬく。フウセンウオはそんな人生訓を説いているかのようです。

　とはいえ、これも私の主観。野生動物の飼育にたずさわる者として、主観で動物を見ることには抵抗《ていこう》があります。しかし、つい、そんなふうに考えさせてくれる生き物って、やっぱりおもしろい。

（2016年12月6日　三宅教平＝魚類飼育課）

ミニ解説

フウセンウオの仲間には面白い名前が付いている魚がたくさん。フウセンウオより小さなダンゴウオや体がイボイボで金平糖《こんぺいとう》そっくりのコンペイトウなどなど。

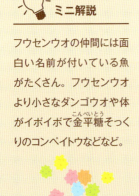

サメか？ エイか？ シノノメサカタザメ

この顔、
やはり怖いですか。
「悪い子はいねがー」
どこから見ても
サメですが、
本当はエイ

道内初展示となる「エイ」が昨年六月、はるばるインドネシアからおたる水族館にやって来ました。その名も「シノノメサカタザメ」。サメという名前なのに、なぜエイ？ 実はサメとエイは近縁《きんえん》なのです。

分類学上、えらがおなか側にあるのがエイ。体の横側にあるのがサメで、えらの位置で分けられています。シノノメサカタザメは、一般的《いっぱんてき》に見られるエイのような平べったい体ではなく、体がサメ、頭部はエイというとてもめずらしい体形をしています。

実はこのシノノメサカタザメは、海外から飛行機で運ぶのも日本で初めての試みでした。24時間以上かけて輸送するため、無事に到着《とうちゃく》するか、とても心配でした。この

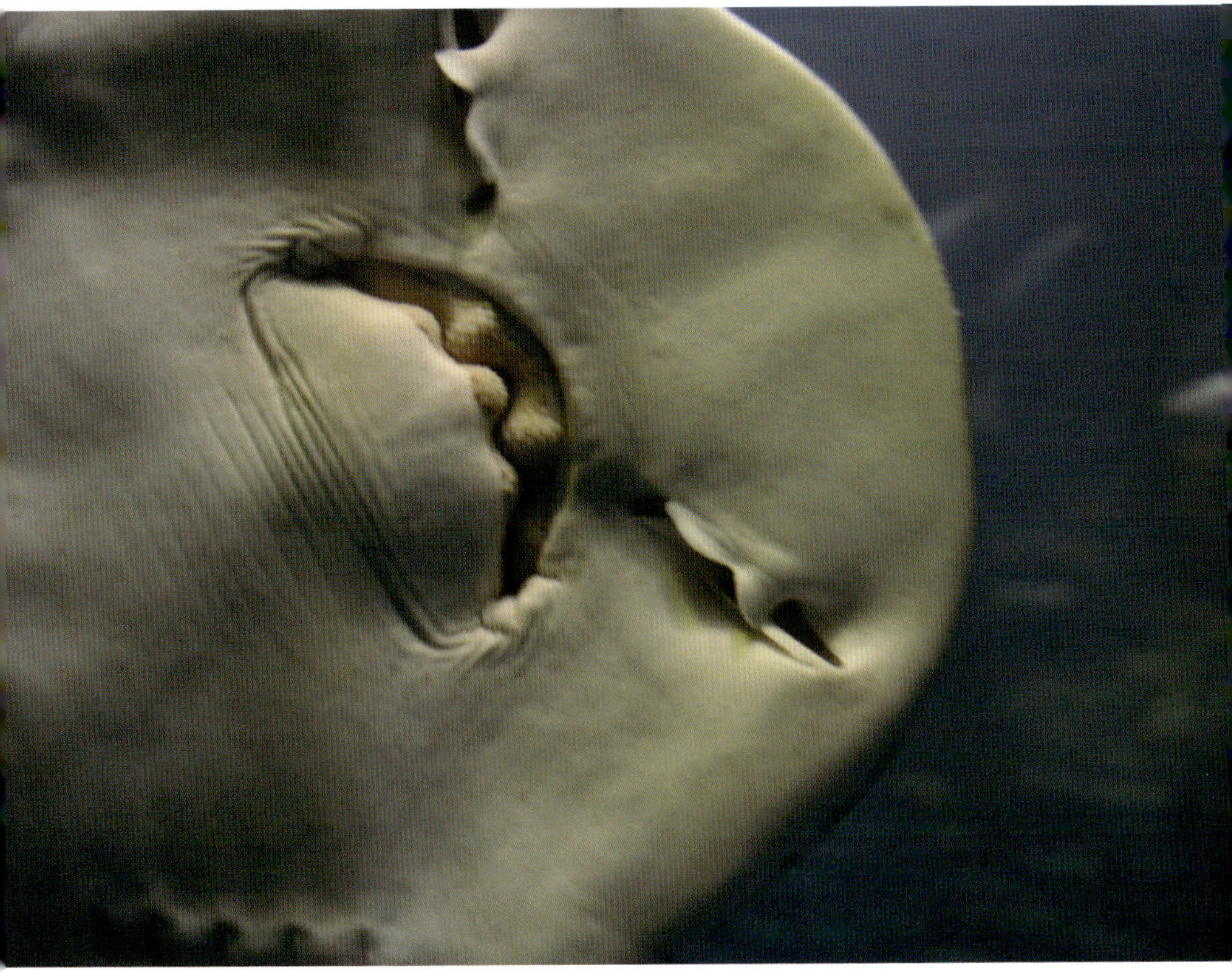

輸送のために特別な水槽《すいそう》を現地で作製してもらい、木箱で梱包《こんぽう》された状態でおたる水族館へ到着。スタッフ全員がかたずを飲んで見守る中、恐《おそ》る恐《おそ》る箱のふたを開けると、そこには元気に泳ぐシノノメサカタザメの姿がありました。

その後、餌《えさ》をたくさん食べ、1年たった今では、当時約70センチだった体長が、現在は約120センチを超《こ》えるまでに成長しています。最大で3メートル近くになるので、これからの成長がとても楽しみです。

(2009年4月14日　中谷高宏＝魚類飼育課)

シノノメサカタザメは2012年2月5日、その生涯《しょうがい》を閉じました。

ナポレオンフィッシュ

ゆったり泳ぐ
ナポレオン
フィッシュ

水族館で飼育している魚の中には、個性的でおもしろい魚がたくさんいます。今回は、その中でも特に「おもしろいな」と感じたメガネモチノウオを紹介《しょうかい》します。あまり聞きなれない名前かもしれませんが、ナポレオンフィッシュというと知っている方もたくさんいると思います。

体の模様がきれいな大型の魚で、大きな目とぶ厚い唇《くちびる》でふてぶてしい顔に見えますが、じーっと見ていると表情が豊かで「なんてかわいい顔をしているんだろう」と思えてきます。しかし、おもしろいのは表情だけではなく、餌《えさ》を食べるときです。

現在飼育中のナポレオンフィッシュの餌の好物ランキングをお知らせします。第3位「殻《から》つきのエビ」、第2位「エビのむき身」、そして第1位は「ホタテの貝柱」です。そ

餌を見せると
近づき……

大きな口で餌を
吸い込みます

のほかにもいろいろな餌を与《あた》えるのですが、ほとんど食べてくれません。ちなみに嫌《きら》いな餌の第1位は「イカナゴ」、第2位は「ホッケの三枚おろし」です。

餌を与えるとき、手でバシャバシャと水面をたたくと手元まで寄ってきます。口の前で餌を見せると、大きな口で餌を勢い良くスポッと吸い込《こ》みます。おなかが空《す》いているときは嫌いな餌でもがまんして食べるのですが、少し食べるとすぐに食べなくなります。近くに来て大きな目をキョロキョロと動かし餌を確かめて、好きな餌でなければ、口から水を吐《は》き出してぷいっと不満そうな顔をしていなくなります。しかしエビやホタテを見せるとすぐに近寄り、すごい勢いで餌を吸い込み何度でも寄ってきます。まるで「この餌は嫌《いや》、これは好き、もっとちょうだい」と言っているかのようです。

給餌《きゅうじ》時間は決まっていませんが、午後から与えることが多いので、タイミングが良ければ餌を食べるシーンをご覧いただけると思います。

（2014年6月3日　村上順二＝施設課）

サケビクニン

ぷよぷよした
サケビクニン

筆者が描いた
サケビクニンの
スケッチ

おたる水族館では、冷たい海にすむ魚を多数展示していますが、その中でもちょっと変わった風貌《ふうぼう》のサケビクニンを紹介します。この魚を見た瞬間「何者？」と思ってしまいました。

サケビクニンは水深２００〜８００メートルの光の届かない深海に生息し、体表に鱗《うろこ》がなく、ゼリー状の肉質でぷよぷよしています。

これは深海の水圧に押しつぶされないよう、水分の多い体で内側から圧力をかけバランスをとる必要があるためです。

また、目もあまり良いとはいえず、嗅覚《きゅうかく》と下あご付近にある感覚器を使い、餌《えさ》を反射的にくわえます。暗い海で餌を確保する執念《しゅうねん》のようなものが感じられます。

実はこの魚、通年飼育が難しく、おたる水族館では、いろいろな努力や工夫が必要でした。水温調整をはじめ、餌は与《あた》えすぎないように、回数や種類を変更し、ビタミン剤《ざい》を添加《てんか》しながら飼育を試みました。困難を極めましたが、1年以上の長期飼育を達成し、記録更新《こうしん》中です。

水族館では小さなお魚から、大きな海《かい》獣《じゅう》類までがいきいきと泳ぎ回っています。華《はな》やかな裏にはこんな地味な世界があるのですよ……。

（2009年7月21日　折笠光希子＝魚類飼育課）

ミニ解説

サケビクニンを入手するのは年に一時期だけ。産卵のため深海から浮上《ふじょう》してくる春（5〜6月）に混獲《こんかく》されたものを搬入《はんにゅう》するため貴重な種類だ。

フサギンポ

ふてぶてしい
顔つきながら、
どことなく愛嬌も。
フサと唇が魅力的でしょ

フサギンポ…その名のとおり、ギンポとよばれる魚の仲間のうち房《ふさ》がたくさんついている種類で、祝津《しゅくつ》近海でもよく見られます。

どちらかというと色合いが地味で、岩かげに隠《かく》れていることが多く、水族館を訪れるほとんどのお客さまは素通りしてしまいます。

ですが、よく見てください。何とふてぶてしく、特徴《とくちょう》あるお魚でしょう。ギョロギョロとした瞳《ひとみ》、おでことあごにはおしゃれな房飾り。そして、一番の特徴はプックリとして親近感をいだく唇《くちびる》。この唇はとてもやわらかく、一度触《ふ》れたら忘れられない感《かん》触《しょく》です。

意外と人なつっこい性格で、水槽《すいそう》の前を横切ると体をくねらせ水面まで上がってき

てくれます。さらに指を近づけると餌《えさ》と間《ま》違《ちが》い「チュパ！　チュパ！」と吸いついてくるのです。この瞬間《しゅんかん》、愛《いと》しさ爆発《ばくはつ》です。

しかし、この唇の奥《おく》にはするどい歯を持っていて、以前同居していたほかの魚の背ビレをかみ切ったことがあるのです。最初はなぜ背ビレが欠けているのかが分からず、病気を疑いましたが、観察の結果、犯人はフサギンポと判明しました。

このことがきっかけで、しばらくの間、展示を控《ひか》えていましたが、やはりお客さまに見ていただきたいと、同居する魚を慎《しん》重《ちょう》に選び展示を再開しました。

愛嬌《あいきょう》のある見た目と乱暴な一面をあわせ持つフサギンポ。そんなところに心ひかれるのかもしれません。

（２００９年10月27日　村上小百合＝営業課）

ウシバナトビエイ

下から見ると、
牛の鼻に
似ているところから
命名された
ウシバナトビエイ

9月7日、今回は「エイ」が沖縄《おきなわ》からはるばるおたる水族館にやってきました。その名は「ウシバナトビエイ」。ウシバナとは、下から見た顔の形が「牛の鼻」に似ているからとされています。

名前を聞くと、ごつい感じを連想される方が多いと思いますが、繊細《せんさい》でとてもかわいらしいエイなので、その名前は少し気の毒な気がします。トビエイの仲間の特徴は、水中を飛ぶように泳ぐことですが、時折仲良く群れをなして遊泳《ゆうえい》するのが魅力的《みりょくてき》なところであり、自然界では数百～数千匹の大群で回遊《かいゆう》することがあることでも知られています。

当館では現在7匹を展示していますが、海のパノラマ回遊水槽《すいそう》を優雅《ゆうが》に泳ぐ姿は、つい見入ってしまうほどです。ウシバナト

時には
群れをなして優雅に
水中を飛ぶように
泳ぐ

ビエイのほかにもう1種類「マダラトビエイ」も飼育展示していますが、同じトビエイの仲間であっても腹面から見る顔の形が違《ちが》うのが分かります。エイ類の面白いところは、下から見る顔つきが種によってそれぞれ違うところです。ほほ笑《え》んでいるような顔、怒《おこ》っているような顔などさまざまです。

エイには失礼ですがその顔を見ると思わず笑ってしまいます。まだまだ小さいウシバナトビエイですが、今日も元気にその存在感をアピールするかのように仲良く泳いでいます。

（2011年9月27日　中谷高広＝魚類飼育課）

ホテイウオ

ホテイウオの成魚。この季節はゴッコの名で親しまれています

おたる水族館は多くの冷水系の魚を飼育展示していますが、体の形に特徴《とくちょう》のある魚も多くいます。私は特に「丸み」のある魚が好き！　例えばエゾクサウオ、フウセンウオ、そしてなんといってもホテイウオの丸みが大好きです。夢や希望をいっぱいにためこんでいるようなプヨプヨ感がたまりません。しかも瞳《ひとみ》はクリっとしていてとてもかわいい。

名前の由来は、ぷっくりとしたおなかがそっくりな七福神《しちふくじん》の「布袋《ほてい》さま」からきています。おなかには腹ビレが変化してできた吸盤《きゅうばん》があります。ダンゴウオ科の中では大型種で、成魚は体長30～40センチにもなります。12月～4月が産卵期で、この時期のメスのおなかは卵でいっぱい。約4万～8万粒《つぶ》といわれ、大変な子だくさんです。

オタマジャクシのようなホテイウオの幼魚

ふ化した子供たちは頭でっかちで尾ビレがちょっとだけ見える感じ。まるでオタマジャクシのようで、違《ちが》いは吸盤の有無《うむ》だけのようです。

水槽のガラス面にくっつき、尾ビレを丸めてじーっとこちらを見ていることが多いのですが、ごはん時には一生懸命《いっしょうけんめい》です。米粒くらいの幼魚には動物性プランクトンを与え、小指のツメほどの大きさになってくると小さなエビなど、成長に合わせて餌《えさ》を変えていきます。

成魚は黒っぽい体色が多いのに対して、稚魚《ちぎょ》のうちはカラフルです。自然界では海藻《かいそう》などにくっついているので保護色になっているのです。かわいいという気持ちはもちろんですが……実は、おいしいんです！

「ゴッコ汁」といえばお分かりになる方もいらっしゃるでしょう。ゴッコとはホテイウオの別名です。なぜゴッコとよばれているのか、はっきりとしたことは分かりませんが、北海道では魚の卵を「こっこ」とよびます。冬のホテイウオはおなかの中が卵でいっぱいなことからゴッコとよばれるようになったとの説があります。

（２０１２年１月24日　折笠光希子＝魚類飼育課）

カブトガニの裏《うら》側《がわ》

「生きた化石」と呼ばれるカブトガニ。1個体だけいつもひっくり返っている

おたる水族館では現在、カブトガニを飼育しています。

カブトガニは、2億年前から姿が変わっていないことから「生きた化石」といわれています。恐竜《きょうりゅう》などが闊歩《かっぽ》していた太古《たいこ》の時代から現代まで生きている、すごい生命力と適応力がこの種を残してくれたんですね。

さて当館のカブトガニは……。最近1個体がなぜかいつもひっくり返っています。お客さまの心配をよそに急に動きだします。この子(!?)は、この水槽《すいそう》の中では大きい個体で食欲旺盛《しょくよくおうせい》、ひっくり返ったまま餌《えさ》のイカやホタテなどを口に運びます。食べるときはあっという間で、「次はないか?」というような感じで足をバタバタさせています。カブトガニの口は裏側(腹面)にあ

餌を捕らえて
あっという間に
平らげるカブトガニ。
裏側はまるで
クモのようだ

り、食べ物を口に運ぶためのハサミ状の脚《あし》(鋏角《きょうかく》1対《つい》と5対の歩脚《ほきゃく》)に囲まれています。よく見ると「クモ」みたいです。

そうなのです！　この種はカニよりもクモの仲間に近い生き物といわれています。(道理で)よくお客さまから「うわぁ〜　グロテスクなやつ」とか「気持ちわるぅ〜い」などの声が聞こえてきます。しかし、餌を食べているシーンを見たお客さまは興奮ぎみに「あー。食べてる。食べてる」と興味をもって見てくださっています。そのとき、私は心の中で「やった」と思うのです。

カブトガニの餌は週に2、3回。だいたい午後の時間が多いので、タイミングが合えば楽しい食事風景を見ていただけると思います。一見の価値ありです。

(2012年6月19日　折笠光希子＝魚類飼育課)

ミニ解説

水槽内でよく仰向《あおむ》けの状態になっているが心配は無用《むよう》。カブトガニの体は硬《かた》い尾(尾剣《びけん》)と前体《ぜんたい》、後体《こうたい》に分かれており、底に尾を突《つ》き刺《さ》し、体を折り曲げて器用に元に戻ることができるから。

ウニの秘《ひ》密《みつ》

ニンジンを
食べるウニ

北海道の有名な海産物のひとつ「ウニ」。一口にウニといってしまうと味気ないですが、意外性はバツグン。名前だけでもタコノマクラ、ハスノハカシパン、オカメブンブクといったものがいます。おたる水族館では、北海道でよく食べるウニの一種エゾバフンウニを毎年卵から育てています。

ウニは卵からふ化したときはトゲトゲした形ではなく、水中を漂《ただよ》ういわゆるプランクトン。20日ほどたつとみなさんよくご存じのウニの形に変身し、海底で生活するようになります。

ウニの好物はコンブやワカメなどの海藻《かいそう》ですが、これを餌《えさ》にすると高価なこともあり、当館では陸上に生いしげっているドンガイ（イタドリ）を与《あた》えます。海の生き物

が陸上の葉っぱを食べるの？　という疑問が聞こえてきそうですが、ウニはまったくお構《かま》いなしにかじります。

　これを見てさらにニンジン、ピーマン、ナスなど小さいお子さまが嫌《いや》がるような野菜を与えたところ、食べる食べる。今では子供たちに「ウニさんはいろんな野菜を食べてえらいよね」と解説することもあるくらいです。

　ちなみにウニは食べた餌と同じ色のふんをするので、ニンジンを与えた時のふんの色はなんともオシャレなオレンジ色です。

　さらに今年はバナナを餌にウニを飼育しました。これは昔、ある飼育係がバナナを与えたウニはバナナの味になったという話を聞き、ずっと気になっていたからです。さすがに熱心に世話をしているウニをいざ食べるとなるとちょっと悲しく、涙で塩味になってしまうんじゃないかと大げさに思いつつ食べてみると、なんとなんと……、「とってもおいしい」「いつもどおり」のウニの味でした。

（2012年10月23日　三宅教平＝魚類飼育課）

ミニ解説

とてもおいしいウニだが、私たちが食べているのは身ではなく生殖巣《せいしょくそう》という部分。繁殖期《はんしょくき》が近づくと生殖巣が大きく成長し、食べごろになる。

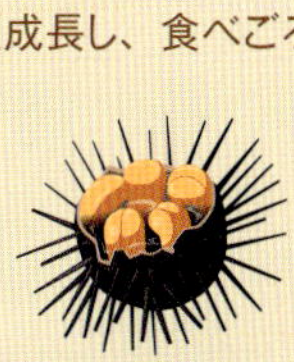

Otaru Aquarium Map おたる水族館全体マップ

遊園地（祝津マリンランド）

入園無料

海獣公園 Marine mammal park

おたる水族館 ガイドマップ
館内 Guide Map

※展示生物は変更になる場合があります。

- キップ売場 Ticket
- お食事 Restaurant
- 喫　茶 Cafe
- 売店 Gift shop
- 授乳室 Nursing room
- 電　話 Telephone
- トイレ Restroom
- 多目的トイレ Multipurpose restroom
- 救護室 First-aid
- エスカレータ Escalator
- エレベーター Elevator
- コインロッカー Coin Operated Locker
- ベビーカーレンタル Stroller Rental
- 記念スタンプ Commemorative Stamp
- コイン充電器 Battery Charger
- 喫煙所 Smoking Area

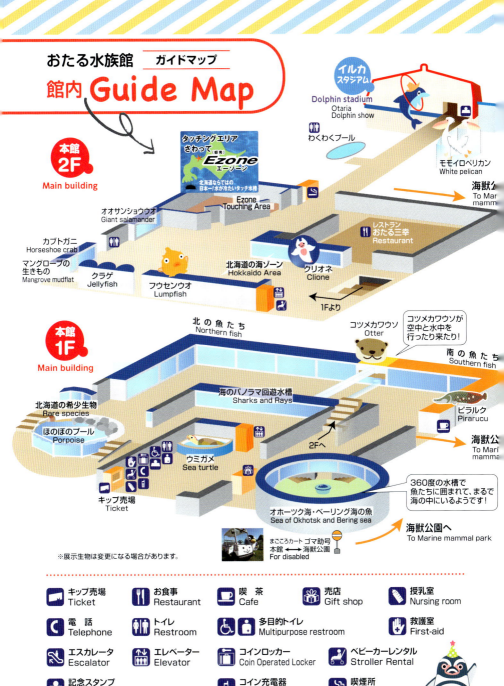

おたる水族館60年のあゆみ

1957年／昭和32年	北海道大博覧会小樽協賛会設立、水族館の設置決定（6月） 水族館建設着工（7月）
1958年／昭和33年	北海道大博覧会小樽海の会場開幕 ❶ （7月5日通門式）
1959年／昭和34年	小樽市立水族館として発足（1月）
1960年／昭和35年	祥麟丸（活魚輸送船）進水式（4月）
1962年／昭和37年	札幌市円山動物園に移動水族館設置（8月）
1963年／昭和38年	トド1頭外海から初侵入（翌日死亡）（2月） トド訓練池新設（6月） トドのダイビング・ジャンプ初公開（7月）❷
1964年／昭和39年	北海道大博覧会からの有料入館者数200万人達成 放魚池に外海からトド1頭が飛び込む（10月）
1965年／昭和40年	カラフトマス人工採卵、ふ化（11月）
1966年／昭和41年	ペンギン、シロクマ池新設（3月） シロクマひとつがいが入る（5月）
1967年／昭和42年	人工滝「オーロラの滝」に命名（6月）
1968年／昭和43年	市立水族館10周年記念式典（7月）
1969年／昭和44年	トドの子供ミミに日本動物園水族館協会繁殖賞、釣り堀開店（6月）
1970年／昭和45年	船の科学コーナー開設（レーダー、航海器具）（6月）
1971年／昭和46年	水族館の移転決定（11月）
1972年／昭和47年	株式会社小樽水族館発起人会発足（10月）
1973年／昭和48年	株式会社小樽水族館設立総会（2月）
1974年／昭和49年	社名を株式会社小樽水族館公社に変更登録（3月） 新館開館（7月） 姉妹都市ナホトカ市からロシアチョウザメ到着（10月） 旧水族館の解体開始（11月）
1975年／昭和50年	遊戯場運転開始（4月） 公社化後からの有料入館者数50万人達成（5月） 海水浴場「目無泊」開放（7月）❸ シロクマ2頭とオタリア3頭を交換、博物館相当施設に指定（9月）

❶

❷

❸

1976年／昭和51年	公社化後からの有料入館者数100万人達成（5月）
1977年／昭和52年	淡水魚展示用に大型置水槽3基購入（1月） 特別天然記念物オオサンショウウオ展示（6月）
1978年／昭和53年	ペンギン、アザラシショープール新設（1月） 小樽水族館協力会発足 アザラシショー公開（4月） 水産庁遠洋水産研究所委託でキタオットセイ飼育開始（6月）
1979年／昭和54年	ペンギンショー公開（4月） 公社化後からの有料入館者数250万人達成（6月）
1980年／昭和55年	小樽駅前「長崎屋」で国体協賛特設ミニ水族館開設（2月） 九州へトド派遣（3月） 公社化後の有料入館者数300万人達成（4月）
1981年／昭和56年	ワモンアザラシ、クラカケアザラシ各1頭飼育開始（2月） バンドウイルカ展示（3月） アシカプール新設（4月）
1982年／昭和57年	第2駐車場造成工事（6月） キタオットセイ国内初出産（7月） 新設遊園地「祝津マリンランド」開園（7月）
1983年／昭和58年	イルカスタジアム新設（4月）、オタリア、イルカショー開催
1984年／昭和59年	朝里川温泉へトド引っ越し（11月）
1985年／昭和60年	ラッコ館新設、ラッコ公開（10月）
1986年／昭和61年	ラッコ出産（4月）❹
1987年／昭和62年	トド獣舎新設（7月）
1988年／昭和63年	海獣公園からの昇りエスカレーター新設（7月）
1990年／平成2年	セイウチ2頭飼育開始（8月） メガネモチノウオ（ナポレオンフィッシュ）2尾展示（7月）
1992年／平成4年	セイウチ館新設（4月）❺
1994年／平成6年	VTR「北の海そこに生き物たち」を製作し道内の小学校450校へ寄贈
1995年／平成7年	公社化後からの有料入館者数1,000万人達成（5月）
2002年／平成14年	セイウチの赤ちゃん「セイタ」誕生（5月）、名付け親表彰
2004年／平成16年	小樽市鰊御殿の指定管理者となる

④

⑤

2005年／平成17年	北海道大博覧会からの有料入館者数2,000万人達成（10月）
2006年／平成18年	ネズミイルカとゴマフアザラシのほのぼのプール公開（3月）
2007年／平成19年	コツメカワウソのトンネル水槽公開（3月） モモイロペリカン公開（ペリ館新設）（4月）
2008年／平成20年	アカシュモクザメ公開（3月） シノノメサカタザメ公開（7月） 公社化後からの有料入館者数1,500万人達成（8月） 本館授乳室新設（2月）
2009年／平成21年	ノコギリザメ公開（3月） 本館エレベーター新設（3月） セイウチの赤ちゃん「ツララ」誕生（5月）、命名式（6月）
2010年／平成22年	ヒョウモンオトメエイ公開（3月） クロヘリメジロザメ公開（7月）
2011年／平成23年	通常営業開始（3月）
2012年／平成24年	ピラルクのお食事タイム（3月） カピバラ期間限定初展示（7月～9月） ジンベエザメ公開（9月）❻
2013年／平成25年	マスコットキャラクター着ぐるみ「ペン太」製作、名付け親表彰式
2014年／平成26年	さわってEzone新設（3月） 公社化40周年記念特別展「鮫」（4月） メガロドン顎骨レプリカ制作（5月）
2015年／平成27年	ペンギンの海まで遠足開始（5月） 電動カート（まごころカートゴマ助号）の運行（9月） 寄贈：小樽水族館協力会 ヒツジの放牧開始
2016年／平成28年	旬のおいし槽新設（3月） フリー Wi-Fi設置（5月） イルカとの共演開始（7月～夏休み限定） 夜間延長「夜の水族館」開始（7月～）❼ アザラシの凍るど！プール新設（12月）
2017年／平成29年	公社化後からの有料入館者数1,800万人達成（7月） ペリカンのちょっとそこまで開始（7月） 北海道大博覧会からの有料入館者数2,400万人達成（9月）
2018年／平成30年	トドロック新設 創業（北海道大博覧会小樽海の会場）60周年記念事業

「おたる水族館　楽しい仲間たち」発刊に寄せて

おたる水族館が創業60周年を迎える本年、水族館を側面から応援しようと設立された「小樽水族館協力会」も40周年を迎えることとなりました。

この記念すべき節目の年に協力会としてどんな形で水族館をサポートできるか、水族館の社員の皆さんにも考えていただきました。これまでは入館者のご不便を解消するための設備や子供たちの遊び場の整備等ハード面での協力が中心でありましたが、このたびは水族館社員が執筆し長年北海道新聞に連載されてきた記事「ゆかいな仲間たち」「楽しい仲間たち」が創業60周年を記念して書籍化されることから、協力会としてその図書を市内外の小学校等に寄贈しようという、まさに節目の年にふさわしい提案をいただきました。

私たちも喜んで協力をさせていただくことにいたしましたが、この事業を通して、またこの本をお読みいただくことによって、多くの子供たちが〝海の楽しい仲間たち〟への理解を深め、おたる水族館への興味と親しみを覚えていただければと願っております。

2018年10月

小樽水族館協力会会長　山本一博

おたる水族館

北海道小樽市にある水族館。1958年に北海道大博覧会の「海の会場」として誕生。74年に現在の本館が開館した。館内では多種多様な魚が見られる。自然海岸を生かして造られた「海獣公園」では、トド、アザラシ、ペンギン、セイウチのショーが行われ、人気を集めている。また、併設の遊園地「祝津マリンランド」は大型遊具をはじめ、大人から子供まで楽しめるアトラクションや遊具がそろっている。

動物の特性を生かした展示への評価は高く、日本動物園水族館協会が、国内で初めて飼育動物の繁殖に成功した施設に贈る繁殖賞は計16件を受賞している。

飼育数は、哺乳類10種85点、鳥類3種65点、爬虫類2種4点、両生類4種56点、魚類132種18938点、無脊椎動物76種1324点、計227種20472点（平成29年度現在）。

住所 小樽市祝津3の303　☎ 0134・33・1400

※原稿執筆者の所属は、執筆当時のものです。

協力　北海道新聞小樽支社

ブックデザイン　韮塚香織

おたる水族館　楽しい仲間たち

発行日　2018年10月19日　初版第1刷発行

編　者　おたる水族館
発行者　鶴井 亨
発行所　北海道新聞社
〒060-8711　札幌市中央区大通西３丁目６
出版センター　（編集）011-210-5742
（営業）011-210-5744
印刷・製本　中西印刷株式会社

落丁・乱丁本は出版センター（営業）にご連絡ください。
お取り換えいたします。
ISBN978-4-89453-924-2